서기 2021년
단기 4354년

신축년(辛丑年) 절기표 (평년 354일)

월 건	月의 大小	음력 1일 간지	절기명	절기 소속 달	음력 일자	양력 일자	절기 드는 시각
己丑 火	十二月大 육백(八白)	辛酉	소한(小寒)	음력十二月節	전년 11월 22일	1월 5일	12시 23분
			대한(大寒)	음력十二月中	전년 12월 8일	1월 20일	5시 40분
庚寅 木	正月小 오황(五黃)	辛卯	입춘(立春)	음력 正月節	전년 12월 22일	2월 3일	23시 59분
			우수(雨水)	음력 正月中	1월 7일	2월 18일	19시 44분
辛卯 木	二月大 사록(四綠)	庚申	경칩(驚蟄)	음력 二月節	1월 22일	3월 5일	17시 53분
			춘분(春分)	음력 二月中	2월 8일	3월 20일	18시 37분
壬辰 水	三月大 삼벽(三碧)	庚寅	청명(淸明)	음력 三月節	2월 23일	4월 4일	22시 35분
			곡우(穀雨)	음력 三月中	3월 9일	4월 20일	5시 33분
癸巳 水	四月小 이흑(二黑)	庚申	입하(立夏)	음력 四月節	3월 24일	5월 5일	15시 47분
			소만(小滿)	음력 四月中	4월 10일	5월 21일	4시 37분
甲午 金	五月大 일백(一白)	己丑	망종(芒種)	음력 五月節	4월 25일	6월 5일	19시 52분
			하지(夏至)	음력 五月中	5월 12일	6월 21일	12시 32분
乙未 金	六月小 구자(九紫)	己未	소서(小暑)	음력 六月節	5월 28일	7월 7일	6시 5분
			대서(大暑)	음력 六月中	6월 13일	7월 22일	23시 26분
丙申 火	七月大 팔백(八白)	戊子	입추(立秋)	음력 七月節	6월 29일	8월 7일	15시 54분
			처서(處暑)	음력 七月中	7월 16일	8월 23일	6시 35분
丁酉 火	八月小 칠적(七赤)	戊午	백로(白露)	음력 八月節	8월 1일	9월 7일	18시 53분
			추분(秋分)	음력 八月中	8월 17일	9월 23일	4시 21분
戊戌 木	九月大 육백(六白)	丁亥	한로(寒露)	음력 九月節	9월 3일	10월 8일	10시 39분
			상강(霜降)	음력 九月中	9월 18일	10월 23일	13시 51분
己亥 木	十月小 오황(五黃)	丁巳	입동(立冬)	음력 十月節	10월 3일	11월 7일	13시 59분
			소설(小雪)	음력 十月中	10월 18일	11월 22일	11시 33분
庚子 土	十一月大 사록(四綠)	丙戌	대설(大雪)	음력十一月節	11월 4일	12월 7일	6시 57분
			동지(冬至)	음력十一月中	11월 19일	12월 22일	0시 59분
辛丑 土	十二月小 삼벽(三碧)	丙辰	소한(小寒)	음력十二月節	12월 3일	명년1월 5일	18시 14분
			대한(大寒)	음력十二月中	12월 18일	명년1월 20일	11시 39분

협기변방서(協紀辨方書)에 의한 택일력(擇日曆) 일러두기

인간의 행(幸)・불행(不幸)은 모두 선택에 달려 있다. 그 선택은 택일로부터 비롯된다. 태양계의 천도운행(天道運行)으로 사계(四季)가 번갈아 들고 왕상휴수(旺相休囚)가 변하면서 신살(神煞〔殺〕)이 발생하기 때문에 그에 맞는 택일이 필요한 것이다. 민력(民曆)은 과학적인 증거나 학문적인 뿌리도 빈약함에도 불구하고 민속(民俗)에서 오랜 세월을 관습적으로 지켜온 것을 즐겨 쓰는 일이 많으므로 민력이라 하였다. 더구나 월일(月日) 위주로 나온 길흉 신살이므로 태세・월〔歲月〕에서 나오는 크고 무서운 대살(大殺)은 대부분 제외되고 연신방위도로 대신하였다.

명문당 민력은 학계에서 제일로 치는 흠정사고전서에 실려 있는 명저 협기변방(協紀辨方) 서책(書冊)의 학문적 뿌리를 겸비한 신살 이론을 민속과 함께 엮었기 때문에 독자들의 택일을 돕는 최고의 안내서가 될 것이다. 따라서 인생의 행불행이 결려 있는 중대하고 큰 택일은 반드시 이 책 끝 쪽의 "연신방위도"를 그 분야의 전문 신살과 함께 참고하기 바란다.

신살이란 길신(吉神)과 흉살(凶殺〔煞〕)을 포함한 말이다. 길신이란 인간사를 도와 즐겁고 행복하게 하는 덕신(德神)을 말한다. 흉살이란 사람을 해치는 모질고 사나운 기운이란 뜻이다.

① **택일(擇日)** 요령은 반드시 "주체(主體)를 강(强)하게 하고 흉살(凶殺)은 휴수(休囚)되어 약(弱)한 날을 가리는 것"이 원리(原理)이다. 흉살은 "약자(弱者)에 치열(熾烈)하고 어둡고 음침(陰沈)한 곳에 더욱 사납기" 때문이다. 주체가 강하려면 "주체의 계절이 왕상(旺相)함을 만나야 하고, 길신(吉神)은 많이 모여야" 한다. 그러면 흉살은 미미하여 흩어지게 할 수 있다.

② 같은 **신살(神殺)**이라도 연월(年月)에서 오는 것이 더욱 강력하고 일시(日時)에서 오는 것은 보다 가볍다. 그래서 신살은 대중소(大中小)가 있으며 택일할 때에는 반드시 "대살(大殺)은 피하고, 중살(中殺)은 제압하며, 소살(小殺)은 길성 한두 개로도 제살(制殺)"된다.

③ **태세의 흉살**을 보면 대략 세파(歲破), 삼살(三殺), 복병(伏兵), 대화(大禍), 대장군(大將軍), 연극(年剋), 음부(陰符), 사부(死符), 구퇴(灸退), 천지관부(天地官符), 부천공망(浮天空亡) 등인데 이러한 대살을 범(犯)하여 손해(損害)보는 일이 없도록 하여야 한다.

④ 택일의 종류별로도 **살(煞)의 대소(大小)**가 다르고 쓰임도 다르다. 가령 오황살(五黃殺)

같은 것은 개산(開山), 입향(立向), 수조(修造)동토(動土), 개거(開渠)천정(穿井) 등 일에 세파(歲破)나 삼살(三殺) 이상으로 흉하고, 안장(安葬)에서는 오황, 동토 등 토살(土煞)이 두렵지 않다. 또 공공시설(公共施設)과 민용(民用)시설에 따라서도 길흉이 다르다.

⑤ **대길신(大吉神)**=태양조임(太陽照臨), 육덕(六德-歲德, 天德, 月德, 各德之合), 진(眞)·활(活)녹마귀(祿馬貴), 삼기(三奇), 자백(紫白)이며, 다음으로 천사(天赦), 명폐대(鳴吠對), 천은(天恩), 월은(月恩), 민일(民日), 부장(不將), 삼합(三合), 모창(母倉), 사상(四相), 월공(月空), 음덕(陰德), 양덕(陽德) 등이 있다.

⑥ **흉살(凶殺)**=태양도임으로도 제압이 안 되는 **대흉한 살**은 인명(人命)에 관계되므로 절대로 범(犯)해서는 안 되는 무서운 살로 세파(歲破)·월파(月破), 삼살(三殺-劫煞, 災煞, 歲煞〔月煞〕), 대모(大耗), 좌살(坐煞-伏兵, 大禍) 등이다. **중살**이 대살(大煞), 소모(小耗), 월건(月建), 월염(月厭), 염대(厭對), 월해(月害), 월형(月刑), 천화(天火)이며, **소살**이 천형(天刑), 천리(天吏), 천강(天罡), 함지(咸池), 사기(死氣), 사모(四耗), 사기(四忌), 하괴(河魁), 유화(遊禍), 왕망(往亡), 고신(孤辰), 대패(大敗), 대시(大時), 양착(陽錯), 음착(陰錯), 행랑(行狼), 세박(歲薄), 오허(五虛), 팔전(八專), 지화(地火), 지낭(地囊), 축진(逐陳), 중일(重日), 복일(復日), 오황(五黃), 토부(土符), 요려(了戾), 구감(九坎), 구초(九焦), 오리(五離) 등인데 중소살(中小殺)이라도 분야에 따라 대소가 다를 수 있고, 여럿이 모이면 대살(大殺) 이상으로 무섭다. 그러므로 대중소(大中小) 살(煞)을 가려 써야 한다. [부록 34페이지 참고]

- **행사에 대한 유리·불리** 내용으로는 제사(祭祀), 기복(祈福, 고사), 결혼(結婚), 이사(移徙), 회친우(會親友), 관대(冠帶), 머리자르기, 목욕(沐浴), 출행(出行), 구의요병(求醫療病), 동토(動土), 상량(上梁), 재의(裁衣), 입학(入學), 개시(開市), 입권(立券), 교역(交易), 축제방(築堤防), 재종(栽種), 벌목(伐木), 가축 잡기, 전렵(畋獵), 고기 잡기, 진인구(進人口), 납재(納財), 납축(納畜), 경락(經絡), 술 빚기, 승선도수(乘船渡水), 파토(破土), 파옥(破屋), 안장(安葬), 장담그기 등을 취급하였다.
- 건축 택일, 결혼 택일, 조장(造葬) 택일 등은 연(年)의 간격을 두고 미리 받게 되므로 민력(民曆)으로 택일하는 경우는 다만 참고만 하는 정도이다.
- **팔절삼기법(八節三奇法)**=삼기는 천상삼기(天上三奇)는 갑무경(甲戊庚)이요, 지하삼기(地下三奇)는 을병정(乙丙丁)이며, 인중삼기(人中三奇)는 임계신(壬癸辛)이다. 그러나 지금은 을병정만을 사용한다. 중소살을 제압하는 대길신이다.

  삼기는 8절을 따라 갑자를 일으키는데 동지 후에는 양둔(陽遁)이니 순행하고 하지 후는 음둔(陰遁)이니 역행하는데, 그 해 태세(太歲)까지 진행하고 태세가 닿는 궁에서부터는 월건법(月建法)으로 진행하여 을병정이 닿는 궁을 찾는 것이다.

서기 2021년
단기 4354년

신축(辛丑)년 1월

경축·기념일	양력(일)	요일	음력일자	간지	띠별	납음오행	이십팔수	십이직(十二直)	구성(九星)	이사주당	혼인주당	주요 신살(神殺) (괄호 안은 흉신)
신정	1	금	11/18	己酉	닭	土	누(婁)	수(收)	六白	이(利)	조(竈)	천은,모창,명당(하괴,대시,대패,함지)
	2	토	19	庚戌	개	金	위(胃)	개(開)	五黃	안(安)	제(第)	천은,시양,생기(오허,구공,왕망,천형)
	3	㊐	20	辛亥	돼지	金	묘(昴)	폐(閉)	四綠	재(災)	옹(翁)	천은,왕일(유화,혈지,중일,주작)
	4	월	21	壬子	쥐	木	필(畢)	건(建)	三碧	사(師)	당(堂)	월덕,천은,관일(월건,소시,토부,월염)
	5	화	22	癸丑	소	木	자(觜)	건(建)	二黑	부(富)	고(姑)	천은,수일(월건,소시,토부,왕망,팔전)
• 소한(小寒) 12시 23분 음력 12월의 절기												
	6	수	23	甲寅	범	水	삼(參)	제(除)	一白	살(殺)	부(夫)	월공,사상,시덕,상일(겁살,천적,오허)
	7	목	24	乙卯	토끼	水	정(井)	만(滿)	九紫	해(害)	주(廚)	천덕합,월덕합,사상,민일(재살,천화)
	8	금	25	丙辰	용	土	귀(鬼)	평(平)	八白	천(天)	부(婦)	천마,부장(하괴,사신,월살,월허,백호)
	9	토	26	丁巳	뱀	土	유(柳)	정(定)	七赤	이(利)	조(竈)	삼합,시음(염대,초요,사기,사폐,중일)
	10	㊐	27	戊午	말	火	성(星)	집(執)	六白	안(安)	제(第)	경안,해신(월해,대시,대패,함지,소모)
	11	월	28	己未	양	火	장(張)	파(破)	五黃	재(災)	옹(翁)	보호(월파,대모,사격,구공,복일,원무)
	12	화	29	庚申	원숭이	木	익(翼)	위(危)	四綠	사(師)	당(堂)	천덕,월덕,모창,양덕,복생(유화,오리)
十二月大	13	수	12/1	辛酉	닭	木	진(軫)	성(成)	三碧	안(安)	부(夫)	모창,월은,삼합,임일,천희(사모,대살)
	14	목	2	壬戌	개	水	각(角)	수(收)	二黑	이(利)	고(姑)	성심,청룡(천강,월형,오허)
	15	금	3	癸亥	돼지	水	항(亢)	개(開)	一白	천(天)	당(堂)	음덕,왕일,역마,익후(월염,지화,중일)
양둔상원	16	토	4	甲子	쥐	金	저(氐)	폐(閉)	一白	해(害)	옹(翁)	월공,천은,천사,관일(천리,치사,토부)
토왕용사	17	㊐	5	乙丑	소	金	방(房)	건(建)	二黑	살(殺)	제(第)	천덕합,월덕합,수일(월건,소시,왕망)
	18	월	6	丙寅	범	火	심(心)	제(除)	三碧	부(富)	조(竈)	천은,월덕,상일,오합(겁살,천적,오허)
	19	화	7	丁卯	토끼	火	미(尾)	만(滿)	四綠	사(師)	부(婦)	천은,민일,천무,복덕,천창(재살,천화)
	20	수	8	戊辰	용	木	기(箕)	평(平)	五黃	재(災)	주(廚)	천은,천마(하괴,사신,월살,월허,오묘)
• 대한(大寒) 5시 40분 음력 12월의 중기												
	21	목	9	己巳	뱀	木	두(斗)	정(定)	六白	안(安)	부(夫)	삼합,시음,옥당(염대,초요,사기,복일)
	22	금	10	庚午	말	土	우(牛)	집(執)	七赤	이(利)	고(姑)	천덕,월덕,경안(월해,대시,대패,함지)
남향	23	토	11	辛未	양	土	여(女)	파(破)	八白	천(天)	당(堂)	월은,보호(월파,대모,사격,구공,원무)
	24	㊐	12	壬申	원숭이	金	허(虛)	위(危)	九紫	해(害)	옹(翁)	모창,양덕,오부,복생,제신(유화,오리)
	25	월	13	癸酉	닭	金	위(危)	성(成)	一白	살(殺)	제(第)	모창,삼합,임일,천희,제신(대살,오리)
	26	화	14	甲戌	개	火	실(室)	수(收)	二黑	부(富)	조(竈)	월공,사상,성심,청룡(천강,월형,오허)
	27	수	15	乙亥	돼지	火	벽(壁)	개(開)	三碧	사(師)	부(婦)	천덕합,월덕합,사상,역마(월염,중일)
	28	목	16	丙子	쥐	水	규(奎)	폐(閉)	四綠	재(災)	주(廚)	관일,육합,부장(천리,치사,토부,천형)
	29	금	17	丁丑	소	水	누(婁)	건(建)	五黃	안(安)	부(夫)	수일,부장,요안(월건,소시,토부,왕망)
	30	토	18	戊寅	범	土	위(胃)	제(除)	六白	이(利)	고(姑)	시덕,상일,길기,옥당(겁살,천적,오허)
	31	㊐	19	己卯	토끼	土	묘(昴)	만(滿)	七赤	천(天)	당(堂)	천은,민일,천무,복덕(재살,천화,복일)

음력 {11월 18일부터 12월 19일까지

경자년 12월 자백

五黃	一白	三碧
四綠	六白	八白
九紫	二黑	七赤

양력(일)	요일	음력일자	민속 신살	행사에 좋은 일 【 】안은 나쁜 일
1	금	11/18		목욕 【기복(고사), 회친우, 출행, 결혼, 이사, 구의요병, 동토, 상량, 장담그기, 교역, 재종, 파토, 안장】
2	토	19	복단일	제사, 기복(고사), 회친우, 입학, 재의, 동토, 상량(사시), 재종 【출행, 이사, 구의요병, 개시, 교역, 벌목, 고기잡기】
3	㊐	20		목욕 【기복(고사), 회친우, 출행, 결혼, 진인구, 이사, 구의요병, 동토, 상량, 장담그기, 개시, 파토, 안장】
4	월	21	대공망	● 제사불의(모든 일에 마땅하지 못함)
5	화	22		회친우 【기복(고사), 출행, 결혼, 진인구, 이사, 구의요병, 동토, 상량, 파옥, 벌목, 승선도수, 재종, 안장】
소한			己丑月 월건	태양도임(太陽到臨) 계(癸). 을병정 삼기(乙丙丁 三奇) 간(艮) 이(離) 감(坎)
6	수	23	월기일	목욕, 대청소 【제사, 출행, 결혼, 구의요병, 창고수리, 창고개방, 출화재, 고기잡기, 승선도수】
7	목	24		제사, 기복(고사), 회친우, 출행, 결혼, 이사, 상량(오시), 입권, 교역, 안장 【구의요병, 동토, 파옥, 재종, 파토】
8	금	25		● 제사불의(모든 일에 마땅하지 못함)
9	토	26		【기복(고사), 회친우, 출행, 결혼, 이사, 구의요병, 동토, 상량, 장담그기, 입권, 교역, 재종, 안장】
10	㊐	27		목욕, 벌목 【기복(고사), 회친우, 출행, 결혼, 이사, 구의요병, 동토, 상량, 장담그기, 교역, 재종, 안장】
11	월	28	복단일 월파일	제사 【기복(고사), 회친우, 출행, 결혼, 이사, 구의요병, 동토, 상량, 장담그기, 교역, 재종, 안장】
12	화	29		제사, 회친우, 출행, 이사, 동토, 상량(사시), 장담그기, 교역, 재종, 안장 【기복(고사), 결혼, 구의요병, 고기잡기】
13	수	12/1	수사일	제사, 기복(고사), 출행, 결혼, 이사, 구의요병, 동토, 상량(오시), 입권, 교역, 재종, 납축, 안장 【회친우, 장담그기】
14	목	2		제사 【기복(고사), 회친우, 출행, 결혼, 진인구, 이사, 구의요병, 동토, 상량, 장담그기, 교역, 안장】
15	금	3	천적일	● 제사불의(모든 일에 마땅하지 못함)
16	토	4		제사, 목욕, 재의, 경락, 장담그기, 안장
17	㊐	5	대공망 월기일	제사, 기복(고사), 회친우, 결혼, 재의, 상량(사시), 납축, 안장 【출행, 이사, 구의요병, 동토, 파옥, 벌목, 재종, 파토】
18	월	6		목욕, 대청소 【제사, 출행, 구의요병, 창고수리, 창고개방, 출화재】
19	화	7		제사 【기복(고사), 회친우, 출행, 결혼, 이사, 구의요병, 동토, 상량, 장담그기, 교역, 재종, 납축, 안장】
20	수	8	복단일	● 제사불의(모든 일에 마땅하지 못함)
대한				태양도임(太陽到臨) 자(子). 을병정 삼기(乙丙丁 三奇) 간(艮) 이(離) 감(坎)
21	목	9		회친우, 결혼, 동토, 상량(오시), 장담그기, 교역, 납축 【출행, 구의요병, 고기잡기, 승선도수, 재종, 파토, 안장】
22	금	10		제사, 기복(고사), 회친우, 출행, 결혼, 이사, 동토, 상량(오시), 벌목, 재종, 납축, 파토, 안장 【구의요병, 고기잡기】
23	토	11	월파일	제사, 파옥 【기복(고사), 회친우, 출행, 결혼, 이사, 구의요병, 동토, 상량, 장담그기, 교역, 재종, 안장】
24	㊐	12		제사, 목욕, 장담그기, 창고개방, 대청소, 재종, 납축, 안장 【기복(고사), 회친우, 결혼, 구의요병, 입권, 교역】
25	월	13	수사일	출행, 결혼, 이사, 구의요병, 상량(오시), 장담그기, 입권, 교역, 납재, 납축, 안장 【회친우, 동토, 파옥, 재종, 파토】
26	화	14	대공망 월기일	제사 【기복(고사), 회친우, 출행, 결혼, 이사, 구의요병, 동토, 상량, 장담그기, 교역, 재종, 납축, 안장】
27	수	15	대공망 복단 천적	제사, 기복(고사), 회친우, 입학, 목욕, 재의, 동토, 상량(오시), 개시, 납축 【출행, 결혼, 이사, 구의요병, 벌목, 재종】
28	목	16		제사, 장담그기, 안장 【기복(고사), 회친우, 출행, 결혼, 이사, 구의요병, 동토, 상량, 교역, 재종, 납축, 파토】
29	금	17		【기복(고사), 출행, 결혼, 진인구, 이사, 구의요병, 동토, 상량, 파옥, 벌목, 고기잡기, 재종, 파토, 안장】
30	토	18		목욕, 대청소 【제사, 출행, 구의요병, 창고수리, 창고개방, 출화재, 파토, 안장】
31	㊐	19		제사 【기복(고사), 회친우, 출행, 결혼, 이사, 구의요병, 동토, 상량, 장담그기, 교역, 재종, 납축, 안장】

서기 2021년
단기 4354년

신축(辛丑)년 2월

경축·기념일	양력(일)	요일	음력일자	간지	띠별	납음오행	이십팔수	십이직(十二直)	구성(九星)	이사주당	혼인주당	주요 신살(神殺) (괄호 안은 흉신)
	1	월	12/20	庚辰	용	金	필(畢)	평(平)	八白	해(害)	옹(翁)	천덕,월덕,천은(하괴,사신,월살,월허)
	2	화	21	辛巳	뱀	金	자(觜)	정(定)	九紫	살(殺)	제(第)	천은,월은,삼합,시음(염대,초요,사기,중일)
	3	수	22	壬午	말	木	삼(參)	정(定)	一白	부(富)	조(竈)	천덕합,월공,천은,삼합,시음,임일(사기)
	● 입춘(立春) 23시 59분 음력 정월의 절기											
	4	목	23	癸未	양	木	정(井)	집(執)	二黑	사(師)	부(婦)	천은,경안,옥당(소모,촉수룡)
	5	금	24	甲申	원숭이	水	귀(鬼)	파(破)	三碧	재(災)	주(廚)	역마,천후,보호(월파,대모,복일,오리)
	6	토	25	乙酉	닭	水	유(柳)	위(危)	四綠	안(安)	부(夫)	시덕,복생,제신(천리,치사,오허,오리)
	7	㊐	26	丙戌	개	土	성(星)	성(成)	五黃	이(利)	고(姑)	월덕,월은,사상,삼합(월염,지화,대살)
	8	월	27	丁亥	돼지	土	장(張)	수(收)	六白	천(天)	당(堂)	천덕,모창,사상,육합(하괴,겁살,중일)
	9	화	28	戊子	쥐	火	익(翼)	개(開)	七赤	해(害)	옹(翁)	모창,시양,생기,익후,청룡(재살,천화)
	10	수	29	己丑	소	火	진(軫)	폐(閉)	八白	살(殺)	제(第)	부장,속세(월살,월허,혈지,천적,오허)
제석 설날연휴	11	목	30	庚寅	범	木	각(角)	건(建)	九紫	부(富)	조(竈)	왕일,천창,오합(월건,소시,토부,왕망)
설날 正月小	12	금	1/1	辛卯	토끼	木	항(亢)	제(除)	一白	천(天)	부(婦)	월덕합,관일,길기,옥우,부장(대시,대패)
설날연휴	13	토	2	壬辰	용	水	저(氐)	만(滿)	二黑	이(利)	조(竈)	천덕합,월공,천무,복덕(염대,초요,구공)
	14	㊐	3	癸巳	뱀	水	방(房)	평(平)	三碧	안(安)	제(第)	상일,보광(천강,사신,월형,월해,유화,중일)
	15	월	4	甲午	말	金	심(心)	정(定)	四綠	재(災)	옹(翁)	시덕,민일,삼합,임일,천마(사기,복일)
	16	화	5	乙未	양	金	미(尾)	집(執)	五黃	사(師)	당(堂)	경안,옥당(소모,오묘)
	17	수	6	丙申	원숭이	火	기(箕)	파(破)	六白	부(富)	고(姑)	월덕,월은,사상,역마,천후(월파,대모)
	18	목	7	丁酉	닭	火	두(斗)	위(危)	七赤	살(殺)	부(夫)	천덕,사상,음덕,복생(천리,치사,오허)
	● 우수(雨水) 19시 44분 음력 정월의 중기											
	19	금	8	戊戌	개	木	우(牛)	성(成)	八白	해(害)	주(廚)	양덕,삼합,천희(월염,지화,사격,대살)
	20	토	9	己亥	돼지	木	여(女)	수(收)	九紫	천(天)	부(婦)	모창,육합,오부,부장(하괴,겁살,중일)
	21	㊐	10	庚子	쥐	土	허(虛)	개(開)	一白	이(利)	조(竈)	모창,시양,생기,부장,익후(재살,천화)
	22	월	11	辛丑	소	土	위(危)	폐(閉)	二黑	안(安)	제(第)	월덕합,부장(월살,월허,혈지,천적,오허)
	23	화	12	壬寅	범	金	실(室)	건(建)	三碧	재(災)	옹(翁)	천덕합,월공,왕일,천창(월건,소시,토부)
	24	수	13	癸卯	토끼	金	벽(壁)	제(除)	四綠	사(師)	당(堂)	관일,길기,옥우,오합(대시,대패,함지)
	25	목	14	甲辰	용	火	규(奎)	만(滿)	五黃	부(富)	고(姑)	수일,천무,복덕(염대,초요,구공,구감)
정월대보름	26	금	15	乙巳	뱀	火	누(婁)	평(平)	六白	살(殺)	부(夫)	상일,보광(천강,사신,월형,월해,유화)
	27	토	16	丙午	말	水	위(胃)	정(定)	七赤	해(害)	주(廚)	월덕,월은,사상,시덕,민일,천마(사기)
	28	㊐	17	丁未	양	水	묘(昴)	집(執)	八白	천(天)	부(婦)	천덕,사상,경안,옥당(소모,팔전)

음력 {12월 20일부터 정월 17일까지

신축년 1월 자백

四綠	九紫	二黑
三碧	五黃	七赤
八白	一白	六白

양력(일)	요일	음력 일자	민속 신살	행사에 좋은 일 【 】안은 나쁜 일
1	월	12/20		제사 【기복(고사), 회친우, 출행, 결혼, 이사, 구의요병, 동토, 상량, 장담그기, 입권, 교역, 파토, 안장】
2	화	21		제사, 기복(고사), 회친우, 결혼, 이사, 동토, 상량(오시), 교역, 납재, 납축 【출행, 구의요병, 장담그기, 파토, 안장】
3	수	22		제사, 기복(고사), 회친우, 출행, 결혼, 이사, 동토, 상량(오시), 장담그기, 교역, 파토, 안장 【구의요병, 고기잡기】
입춘 庚寅月 월건 태양도임(太陽到臨) 임(壬). 을병정 삼기(乙丙丁 三奇) 중(中) 건(乾) 태(兌)				
4	목	23	대공망 월기일	회친우 【구의요병, 창고수리, 개시, 입권, 교역, 납재, 창고개방, 고기잡기, 승선도수】
5	금	24	대공망 복단월파	제사, 구의요병, 대청소, 파옥 【기복(고사), 회친우, 출행, 결혼, 이사, 동토, 상량, 장담그기, 교역, 안장】
6	토	25	대공망	제사, 대청소, 파토, 안장 【기복(고사), 회친우, 출행, 결혼, 이사, 구의요병, 동토, 상량, 교역, 재종, 납축】
7	㊐	26	수사일	제사, 기복(고사), 회친우, 입학, 동토, 상량(사시), 장담그기, 교역, 납축, 안장 【출행, 결혼, 이사, 구의요병, 재종】
8	월	27		제사, 기복(고사), 회친우, 출행, 결혼, 이사, 동토, 상량(오시), 장담그기, 교역, 재종, 납축 【구의요병, 고기잡기】
9	화	28		제사, 입학, 목욕 【결혼, 진인구, 구의요병, 장담그기, 벌목, 전렵, 고기잡기, 파토, 안장】
10	수	29		● 제사불의(모든 일에 마땅하지 못함)
11	목	30		회친우, 입권, 교역, 납축 【제사, 기복(고사), 결혼, 이사, 구의요병, 동토, 상량, 파옥, 벌목, 파토, 안장】
12	금	1/1		제사, 기복(고사), 회친우, 출행, 결혼, 이사, 구의요병, 동토, 상량(오시), 교역, 재종, 납축, 안장 【장담그기, 고기잡기】
13	토	2	대공망 천적일	제사, 기복(고사), 회친우, 출행, 결혼, 이사, 구의요병, 동토, 상량(사시), 입권, 교역, 납축, 안장 【승선도수, 재종】
14	㊐	3	대공망 복단일	【기복(고사), 회친우, 출행, 결혼, 이사, 구의요병, 재의, 동토, 상량, 장담그기, 교역, 재종, 파토, 안장】
15	월	4	대공망	제사, 기복(고사), 회친우, 출행, 결혼, 이사, 동토, 상량(오시), 장담그기, 교역, 납축 【구의요병, 재종, 파토, 안장】
16	화	5	월기일	고기잡기 【출행, 결혼, 진인구, 이사, 구의요병, 동토, 상량, 개시, 입권, 교역, 재종, 납축, 파토, 안장】
17	수	6	월파일	제사, 구의요병, 파옥 【기복(고사), 회친우, 출행, 결혼, 이사, 동토, 상량, 장담그기, 교역, 파토, 안장】
18	목	7		제사, 기복(고사), 출행, 결혼, 이사, 목욕, 동토, 상량(오시), 대청소, 재종, 안장 【회친우, 구의요병, 고기잡기】
우수 태양도임(太陽到臨) 해(亥). 을병정 삼기(乙丙丁 三奇) 중(中) 건(乾) 태(兌)				
19	금	8	수사일	입학 【기복(고사), 회친우, 출행, 결혼, 이사, 구의요병, 동토, 상량, 장담그기, 교역, 납축, 파토, 안장】
20	토	9		제사, 기복(고사), 회친우, 결혼, 진인구, 장담그기, 개시, 입권, 교역, 고기잡기, 재종, 납축 【구의요병, 파토, 안장】
21	㊐	10	복단일	제사, 입학, 목욕 【결혼, 진인구, 구의요병, 축제방, 동토, 창고수리, 장담그기, 파옥, 벌목, 재종, 파토】
22	월	11		제사 【기복(고사), 회친우, 출행, 결혼, 이사, 구의요병, 동토, 상량, 장담그기, 교역, 납축, 파토, 안장】
23	화	12	대공망 복단일	회친우, 결혼, 상량(사시), 입권, 교역, 납축, 안장 【제사, 출행, 이사, 구의요병, 동토, 파옥, 벌목, 재종, 파토】
24	수	13	대공망	회친우, 출행, 결혼, 목욕, 머리자르기, 구의요병, 입권, 교역, 대청소, 파토 【우물파기】
25	목	14	월기일 천적일	제사, 기복(고사), 회친우 【결혼, 진인구, 구의요병, 개시, 입권, 교역, 창고개방, 승선도수, 파토, 안장】
26	금	15		【기복(고사), 회친우, 출행, 결혼, 이사, 구의요병, 동토, 상량, 장담그기, 교역, 납축, 파토, 안장】
27	토	16		제사, 기복(고사), 회친우, 출행, 결혼, 이사, 동토, 상량(오시), 장담그기, 교역, 재종, 파토, 안장 【구의요병, 고기잡기】
28	㊐	17		제사, 기복(고사), 회친우, 출행, 이사, 동토, 상량(사시), 창고수리, 재종, 납축, 안장 【결혼, 구의요병, 고기잡기】

서기 2021년
단기 4354년

신축(辛丑)년 3월

경축·기념일	양력(일)	요일	음력일자	간지	띠별	납음오행	이십팔수	십이직(十二直)	구성(九星)	이사주당	혼인주당	주요 신살(神殺)(괄호 안은 흉신)
삼 일 절	1	월	1/18	戊申	원숭이	土	필(畢)	파(破)	九紫	이(利)	조(竈)	역마,천후,보호,해신(월파,대모,오리)
	2	화	19	己酉	닭	土	자(觜)	위(危)	一白	안(安)	제(第)	천은,음덕,복생(천리,치사,오허,오리)
납세자의 날	3	수	20	庚戌	개	金	삼(參)	성(成)	二黑	재(災)	옹(翁)	천은,양덕,삼합,천희(월염,지화,대살)
	4	목	21	辛亥	돼지	金	정(井)	수(收)	三碧	사(師)	당(堂)	월덕합,천은모창,육합,오부(하괴,겁살)
	5	금	22	壬子	쥐	木	귀(鬼)	수(收)	四綠	부(富)	고(姑)	천은,모창(천강,월형,대시,대패,함지)
	● 경칩(驚蟄) 17시 53분 음력 2월의 절기											
	6	토	23	癸丑	소	木	유(柳)	개(開)	五黃	살(殺)	부(夫)	천은,시양,생기(오허,구공,구감,구초)
	7	㉐	24	甲寅	범	水	성(星)	폐(閉)	六白	해(害)	주(廚)	월덕,왕일,오부,보호(유화,혈지,귀기)
	8	월	25	乙卯	토끼	水	장(張)	건(建)	七赤	천(天)	부(婦)	관일,육의,복생(월건,소시,토부,염대)
	9	화	26	丙辰	용	土	익(翼)	제(除)	八白	이(利)	조(竈)	사상,수일,길기(월해,천형)
	10	수	27	丁巳	뱀	土	진(軫)	만(滿)	九紫	안(安)	제(第)	월은,사상,역마(오허,토부,대살,왕망)
	11	목	28	戊午	말	火	각(角)	평(平)	一白	재(災)	옹(翁)	시덕,민일,익후(하괴,사신,천리,치사)
	12	금	29	己未	양	火	항(亢)	정(定)	二黑	사(師)	당(堂)	월덕합,음덕,삼합,시음,속세(사기,혈기)
二月大	13	토	2/1	庚申	원숭이	木	저(氐)	집(執)	三碧	안(安)	부(夫)	월공,천마,요안(겁살,소모,사폐,오리)
	14	㉐	2	辛酉	닭	木	방(房)	파(破)	四綠	이(利)	고(姑)	옥우,제신,옥당(월파,대모,재살,천화)
	15	월	3	壬戌	개	水	심(心)	위(危)	五黃	천(天)	당(堂)	육합,금당(월살,월허,사격,천뢰)
	16	화	4	癸亥	돼지	水	미(尾)	성(成)	六白	해(害)	옹(翁)	모창,삼합,임일,천희,천의(중일,원무)
상공의날 양둔중원	17	수	5	甲子	쥐	金	기(箕)	수(收)	七赤	살(殺)	제(第)	월덕,천은,모창(천강,월형,대시,대패)
	18	목	6	乙丑	소	金	두(斗)	개(開)	八白	부(富)	조(竈)	천은,시양,생기,천창(오허,구공,구감)
	19	금	7	丙寅	범	火	우(牛)	폐(閉)	九紫	사(師)	부(婦)	천은,사상,왕일,오부,부장(유화,혈지)
	20	토	8	丁卯	토끼	火	여(女)	건(建)	一白	재(災)	주(廚)	천은,월은,사상,관일(월건,소시,염대)
	● 춘분(春分) 18시 37분 음력 2월의 중기											
춘 사	21	㉐	9	戊辰	용	木	허(虛)	제(除)	二黑	안(安)	부(夫)	천은,수일,길기(월해,천형)
물 의 날	22	월	10	己巳	뱀	木	위(危)	만(滿)	三碧	이(利)	고(姑)	월덕합,상일,역마,천후(오허,토부,대살)
기 상 의 날	23	화	11	庚午	말	土	실(室)	평(平)	四綠	천(天)	당(堂)	월공,시덕,민일(하괴,사신,천리,치사)
	24	수	12	辛未	양	土	벽(壁)	정(定)	五黃	해(害)	옹(翁)	음덕,삼합,시음,속세,보광(사기,혈기)
	25	목	13	壬申	원숭이	金	규(奎)	집(執)	六白	살(殺)	제(第)	천마,요안,해신,제신(겁살,소모,오리)
	26	금	14	癸酉	닭	金	누(婁)	파(破)	七赤	부(富)	조(竈)	옥우,제신(월파,대모,재살,천화,월염)
	27	토	15	甲戌	개	火	위(胃)	위(危)	八白	사(師)	부(婦)	월덕,천원,육합,금당(월살,월허,사격)
	28	㉐	16	乙亥	돼지	火	묘(昴)	성(成)	九紫	재(災)	주(廚)	모창,삼합,임일,천희(사궁,팔룡,복일)
	29	월	17	丙子	쥐	水	필(畢)	수(收)	一白	안(安)	부(夫)	모창,사상,양덕(천강,월형,대시,대패)
	30	화	18	丁丑	소	水	자(觜)	개(開)	二黑	이(利)	고(姑)	월은,사상,시양,생기(오허,팔풍,구공)
	31	수	19	戊寅	범	土	삼(參)	폐(閉)	三碧	천(天)	당(堂)	천사,왕일,오부,보호(유화,혈지,귀기)

음력 { 정월 18일부터 2월 19일까지

신축년 2월 자백

三碧	八白	一白
二黑	四綠	六白
七赤	九紫	五黃

양력(일)	요일	음력일자	민속 신살	행사에 좋은 일 【 】안은 나쁜 일
1	월	1/18	월파일	제사, 구의요병 【기복(고사), 회친우, 출행, 결혼, 이사, 동토, 상량, 장담그기, 입권, 교역, 벌목, 안장】
2	화	19	복단일	제사, 대청소, 파토, 안장 【기복(고사), 회친우, 출행, 결혼, 이사, 구의요병, 동토, 상량, 교역, 재종, 납축】
3	수	20	수사일	입학 【기복(고사), 회친우, 출행, 결혼, 이사, 구의요병, 동토, 상량, 장담그기, 입권, 교역, 파옥, 안장】
4	목	21		제사, 기복(고사), 회친우, 출행, 결혼, 이사, 목욕, 재의, 동토, 상량(오시), 입권, 교역, 재종, 납축 【구의요병, 장담그기】
5	금	22	대공망	• 제사불의(모든 일에 마땅하지 못함)
경칩 辛卯月 월건 **태양도임(太陽到臨) 계(癸).** 을병정 삼기(乙丙丁 三奇) 중(中) 건(乾) 태(兌)				
6	토	23	월기일	제사, 기복(고사), 회친우, 출행, 이사, 구의요병, 상량(사시) 【결혼, 동토, 개시, 입권, 교역, 파옥, 벌목, 재종】
7	㊐	24		재의, 축제방, 장담그기, 입권, 교역, 납재, 재종, 파토, 안장 【제사, 기복(고사), 결혼, 이사, 구의요병, 고기잡기】
8	월	25		제사, 회친우, 출행, 입권, 교역 【기복(고사), 결혼, 구의요병, 축제방, 동토, 상량, 파옥, 벌목, 재종, 안장】
9	화	26	수사일	제사, 출행, 이사, 목욕, 재의, 동토, 상량(사시) 【기복(고사), 회친우, 결혼, 구의요병, 장담그기, 교역, 안장】
10	수	27		제사, 기복(고사), 회친우, 결혼, 상량(오시), 개시, 입권, 교역 【출행, 이사, 구의요병, 동토, 파옥, 파토, 안장】
11	목	28	복단일	제사 【기복(고사), 회친우, 출행, 결혼, 이사, 구의요병, 동토, 상량, 장담그기, 교역, 납축, 파토, 안장】
12	금	29		제사, 기복(고사), 회친우, 출행, 이사, 동토, 상량(사시), 장담그기, 교역, 재종, 안장 【결혼, 구의요병, 고기잡기】
13	토	2/1		목욕, 대청소 【기복(고사), 회친우, 출행, 결혼, 이사, 구의요병, 동토, 상량, 장담그기, 입권, 교역, 안장】
14	㊐	2	월파일 천적일	• 제사불의(모든 일에 마땅하지 못함)
15	월	3		고기잡기 【기복(고사), 출행, 머리자르기, 구의요병, 재의, 축제방, 동토, 상량, 창고수리, 파옥, 재종】
16	화	4		목욕 【파토, 안장】
17	수	5	월기일	제사, 목욕 【기복(고사), 회친우, 출행, 결혼, 이사, 구의요병, 동토, 상량, 장담그기, 교역, 파토, 안장】
18	목	6	대공망 복단일	제사, 기복(고사), 회친우, 출행, 이사, 구의요병, 동토, 상량(사시), 납축 【개시, 입권, 교역, 벌목, 파토, 안장】
19	금	7		장담그기, 입권, 교역, 재종, 납축, 파토 【제사, 기복(고사), 회친우, 출행, 결혼, 이사, 구의요병, 동토, 상량】
20	토	8	복단일	제사, 기복(고사), 회친우, 출행, 결혼, 이사, 구의요병, 상량(오시), 입권, 교역, 납재 【축제방, 동토, 파옥, 벌목, 재종】
춘분 **태양도임(太陽到臨) 술(戌).** 을병정 삼기(乙丙丁 三奇) 이(離) 감(坎) 곤(坤)				
21	㊐	9	수사일	출행, 목욕, 대청소 【기복(고사), 회친우, 결혼, 구의요병, 장담그기, 입권, 교역, 납재, 납축, 파토, 안장】
22	월	10		제사, 기복(고사), 회친우, 결혼, 상량(오시), 개시, 입권, 교역 【출행, 이사, 구의요병, 동토, 파옥, 재종, 파토】
23	화	11		제사 【기복(고사), 회친우, 출행, 결혼, 진인구, 이사, 구의요병, 동토, 상량, 장담그기, 교역, 재종, 안장】
24	수	12		제사, 기복(고사), 회친우, 결혼, 진인구, 재의, 동토, 상량(사시), 입권, 교역, 납재, 납축 【구의요병, 장담그기, 재종】
25	목	13		목욕, 대청소 【기복(고사), 회친우, 출행, 결혼, 진인구, 이사, 구의요병, 동토, 상량, 장담그기, 교역, 안장】
26	금	14	월파 천적 월기일	• 제사불의(모든 일에 마땅하지 못함)
27	토	15	대공망 복단일	제사, 기복(고사), 회친우, 출행, 결혼, 진인구, 이사, 재의, 동토, 상량(사시), 장담그기, 개시, 입권, 교역, 납축, 안장
28	㊐	16	대공망	회친우, 출행, 이사, 구의요병, 동토, 상량(오시), 장담그기, 납축 【결혼, 개시, 입권, 교역, 재종, 파토, 안장】
29	월	17		• 제사불의(모든 일에 마땅하지 못함)
30	화	18		제사, 기복(고사), 회친우, 출행, 결혼, 이사, 구의요병, 재의, 동토, 상량(사시), 납축 【개시, 교역, 벌목, 재종】
31	수	19		축제방, 창고수리, 장담그기, 입권, 교역, 재종, 납축, 안장 【제사, 기복(고사), 이사, 구의요병, 전렵, 고기잡기】

서기 2021년 단기 4354년 신축(辛丑)년 4월

경축·기념일	양력(일)	요일	음력일자	간지	띠별	납음오행	이십팔수	십이직(十二直)	구성(九星)	이사주당	혼인주당	주요 신살(神殺) (괄호 안은 흉신)
	1	목	2/20	己卯	토끼	土	정(井)	건(建)	四綠	해(害)	옹(翁)	월덕합,천은,관일(월건,소시,토부,염대)
향토예비군의 날	2	금	21	庚辰	용	金	귀(鬼)	제(除)	五黃	살(殺)	제(第)	월공,천은,수일,길기(월해,천형)
	3	토	22	辛巳	뱀	金	유(柳)	만(滿)	六白	부(富)	조(竈)	천은,상일,역마(오허,토부,대살,왕망)
	4	㊐	23	壬午	말	木	성(星)	만(滿)	七赤	사(師)	부(婦)	천덕,월덕,천은,시덕(재살,천화,대살)
	● 청명(淸明) 22시 35분 음력 3월의 절기											
식목일, 한식	5	월	24	癸未	양	木	장(張)	평(平)	八白	재(災)	주(廚)	천은(천강,사신,월살,월허,촉수룡,주작)
	6	화	25	甲申	원숭이	水	익(翼)	정(定)	九紫	안(安)	부(夫)	삼합,임일,시음(월염,지화,사기,왕망)
보건의 날	7	수	26	乙酉	닭	水	진(軫)	집(執)	一白	이(利)	고(姑)	천원,육합,부장,보호(대시,대패,함지)
	8	목	27	丙戌	개	土	각(角)	파(破)	二黑	천(天)	당(堂)	월공,사상,천마(월파,대모,사격,구공)
	9	금	28	丁亥	돼지	土	항(亢)	위(危)	三碧	해(害)	옹(翁)	천덕합,월덕합,모창,사상(유화,천적)
	10	토	29	戊子	쥐	火	저(氐)	성(成)	四綠	살(殺)	제(第)	모창,삼합,천희,천의,천창(귀기,복일)
임시정부수립기념일	11	㊐	30	己丑	소	火	방(房)	수(收)	五黃	부(富)	조(竈)	부장,익후(하괴,오허,원무)
三月大	12	월	3/1	庚寅	범	木	심(心)	개(開)	六白	안(安)	부(夫)	월은,양덕,왕일,역마,천후(염대,초요)
	13	화	2	辛卯	토끼	木	미(尾)	폐(閉)	七赤	이(利)	고(姑)	관일,요안,오합(월해,천리,치사,혈지)
삼짇날	14	수	3	壬辰	용	水	기(箕)	건(建)	八白	천(天)	당(堂)	천덕,월덕,수일(월건,소시,토부,월형)
	15	목	4	癸巳	뱀	水	두(斗)	제(除)	九紫	해(害)	옹(翁)	음덕,상일,길기,오부,금당(겁살,오허)
	16	금	5	甲午	말	金	우(牛)	만(滿)	一白	살(殺)	제(第)	시덕,민일,천무(재살,천화,대살,천형)
토왕용사	17	토	6	乙未	양	金	여(女)	평(平)	二黑	부(富)	조(竈)	(천강,사신,월살,월허,주작)
	18	㊐	7	丙申	원숭이	火	허(虛)	정(定)	三碧	사(師)	부(婦)	월공,사상,삼합(월염,지화,사기,왕망)
4.19혁명기념일	19	월	8	丁酉	닭	火	위(危)	집(執)	四綠	재(災)	주(廚)	천덕합,월덕합,사상,육합(대시,대패)
장애인의 날	20	화	9	戊戌	개	木	실(室)	파(破)	五黃	안(安)	부(夫)	천마,복생,해신(월파,대모,사격,구공)
	● 곡우(穀雨) 5시 33분 음력 3월의 중기											
과학의 날	21	수	10	己亥	돼지	木	벽(壁)	위(危)	六白	이(利)	고(姑)	모창,부장,옥당(유화,천적,중일)
정보통신의 날	22	목	11	庚子	쥐	土	규(奎)	성(成)	七赤	천(天)	당(堂)	모창,월은,삼합,천희,천의,성심(귀기)
	23	금	12	辛丑	소	土	누(婁)	수(收)	八白	해(害)	옹(翁)	익후(하괴,오허,원무)
	24	토	13	壬寅	범	金	위(胃)	개(開)	九紫	살(殺)	제(第)	천덕,월덕,양덕,왕일,역마(염대,초요)
법의 날	25	㊐	14	癸卯	토끼	金	묘(昴)	폐(閉)	一白	부(富)	조(竈)	관일,요안,오합(월해,천리,치사,혈지)
	26	월	15	甲辰	용	火	필(畢)	건(建)	二黑	사(師)	부(婦)	수일,옥우,청룡(월건,소시,토부,월형)
	27	화	16	乙巳	뱀	火	자(觜)	제(除)	三碧	재(災)	주(廚)	음덕,상일,길기,오부,금당(겁살,오허)
충무공탄신일	28	수	17	丙午	말	水	삼(參)	만(滿)	四綠	안(安)	부(夫)	월공,사상,시덕,민일(재살,천화,대살)
	29	목	18	丁未	양	水	정(井)	평(平)	五黃	이(利)	고(姑)	천덕합,월덕합(천강,사신,월살,월허)
	30	금	19	戊申	원숭이	土	귀(鬼)	정(定)	六白	천(天)	당(堂)	삼합,임일,시음(월염,지화,사기,왕망)

음력 { 2월 20일부터 3월 19일까지

신축년 3월 자백

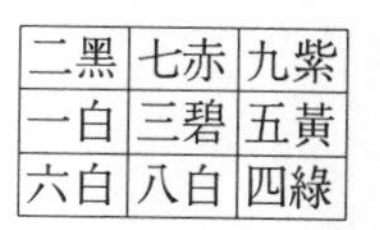

二黑	七赤	九紫
一白	三碧	五黃
六白	八白	四綠

양력(일)	요일	음력일자	민속 신살	행사에 좋은 일 【 】안은 나쁜 일
1	목	2/20		● 제사불의(모든 일에 마땅하지 못함)
2	금	21	수사일	출행, 대청소 【기복(고사), 회친우, 결혼, 진인구, 구의요병, 장담그기, 입권, 교역, 납축, 파토, 안장】
3	토	22		제사, 기복(고사), 회친우, 교역 【출행, 결혼, 이사, 구의요병, 동토, 장담그기, 파옥, 재종, 파토, 안장】
4	㊐	23	월기일	제사, 기복(고사), 회친우, 출행, 결혼, 이사, 상량(묘오시), 입권, 교역, 안장 【구의요병, 동토, 파옥, 전렵, 재종】
청명 壬辰月 월건 태양도임(太陽到臨) 신(辛). 을병정 삼기(乙丙丁 三奇) 이(離) 감(坎) 곤(坤)				
5	월	24	대공망 복단일	● 제사불의(모든 일에 마땅하지 못함)
6	화	25	대공망	목욕, 대청소 【기복(고사), 회친우, 출행, 결혼, 이사, 구의요병, 동토, 상량, 장담그기, 납축, 파토, 안장】
7	수	26	대공망	제사, 기복(고사), 출행, 결혼, 이사, 구의요병, 상량(오시), 장담그기, 입권, 교역, 안장 【회친우, 동토, 파옥, 재종】
8	목	27	월파일	제사, 목욕, 구의요병 【기복(고사), 회친우, 출행, 결혼, 이사, 동토, 상량, 장담그기, 교역, 납축, 안장】
9	금	28	수사일	제사, 회친우, 결혼, 이사, 목욕, 재의, 동토, 상량(오시), 납재, 재종, 납축 【기복(고사), 출행, 구의요병, 고기잡기】
10	토	29		제사, 기복(고사), 회친우, 출행, 결혼, 구의요병, 재의, 동토, 상량(오시), 장담그기, 교역, 재종, 납축 【이사, 파토, 안장】
11	㊐	30		제사, 진인구, 납재, 납축 【기복(고사), 회친우, 출행, 결혼, 이사, 구의요병, 동토, 상량, 장담그기, 안장】
12	월	3/1	천적일	회친우, 출행, 결혼, 이사, 구의요병, 동토, 상량(사시), 개시, 교역, 재종 【제사, 침맞기, 벌목, 전렵, 승선도수】
13	화	2		담수리 【기복(고사), 회친우, 출행, 결혼, 이사, 구의요병, 동토, 상량, 장담그기, 교역, 재종, 납축, 안장】
14	수	3	대공망 복단일	제사 【구의요병, 축제방, 동토, 창고수리, 담수리, 파옥, 벌목, 전렵, 고기잡기, 재종, 파토】
15	목	4	대공망	목욕, 대청소 【기복(고사), 회친우, 출행, 결혼, 이사, 구의요병, 재의, 동토, 상량, 파옥, 파토, 안장】
16	금	5	대공망 월기일	제사 【기복(고사), 회친우, 출행, 결혼, 이사, 구의요병, 동토, 상량, 장담그기, 입권, 교역, 재종, 안장】
17	토	6		● 제사불의(모든 일에 마땅하지 못함)
18	㊐	7		제사, 목욕 【기복(고사), 회친우, 출행, 결혼, 이사, 구의요병, 동토, 상량, 장담그기, 교역, 파토, 안장】
19	월	8		제사, 기복(고사), 출행, 결혼, 이사, 구의요병, 상량(오시), 장담그기, 입권, 교역, 안장 【회친우, 동토, 파옥, 재종】
20	화	9	월파일	제사, 구의요병, 파옥 【기복(고사), 회친우, 출행, 결혼, 이사, 동토, 상량, 장담그기, 교역, 재종, 납축, 안장】
곡우 태양도임(太陽到臨) 유(酉). 을병정 삼기(乙丙丁 三奇) 이(離) 감(坎) 곤(坤)				
21	수	10	복단일 수사일	목욕, 납재, 고기잡기, 재종, 납축 【기복(고사), 출행, 구의요병, 창고수리, 창고개방, 출화재, 파토, 안장】
22	목	11		제사, 기복(고사), 회친우, 출행, 결혼, 구의요병, 동토, 상량(오시), 장담그기, 입권, 교역, 재종, 납축, 파토 【이사】
23	금	12		제사, 납재, 납축 【기복(고사), 회친우, 출행, 결혼, 이사, 구의요병, 재의, 동토, 상량, 장담그기, 안장】
24	토	13	대공망 천적일	회친우, 출행, 결혼, 이사, 구의요병, 동토, 상량(사시), 입권, 교역, 재종, 납축 【제사, 벌목, 전렵, 고기잡기】
25	㊐	14	대공망 월기일	담수리 【기복(고사), 회친우, 출행, 결혼, 이사, 구의요병, 동토, 상량, 장담그기, 교역, 납축, 파토, 안장】
26	월	15		【기복(고사), 회친우, 출행, 결혼, 이사, 구의요병, 동토, 상량, 장담그기, 개시, 교역, 재종, 납축, 안장】
27	화	16		목욕, 대청소 【기복(고사), 회친우, 출행, 결혼, 이사, 구의요병, 동토, 상량, 창고수리, 재종, 파토, 안장】
28	수	17		제사 【기복(고사), 회친우, 출행, 결혼, 이사, 구의요병, 동토, 상량, 장담그기, 교역, 재종, 안장】
29	목	18		제사 【기복(고사), 회친우, 출행, 결혼, 이사, 구의요병, 동토, 상량, 장담그기, 교역, 재종, 납축, 안장】
30	금	19	복단일	목욕, 대청소 【기복(고사), 회친우, 출행, 결혼, 이사, 구의요병, 동토, 상량, 장담그기, 교역, 벌목, 안장】

서기 2021년 단기 4354년 신축(辛丑)년 5월

경축·기념일	양력(일)	요일	음력일자	간지	띠별	납음오행	이십팔수	십이직(十二直)	구성(九星)	이사주당	혼인주당	주요 신살(神殺)(괄호 안은 흉신)
근로자의 날	1	토	3/20	己酉	닭	土	유(柳)	집(執)	七赤	해(害)	옹(翁)	천은,육합,부장(대시,대패,함지,소모)
	2	㊐	21	庚戌	개	金	성(星)	파(破)	八白	살(殺)	제(第)	천은,월은,천마(월파,대모,사격,구공)
	3	월	22	辛亥	돼지	金	장(張)	위(危)	九紫	부(富)	조(竈)	천은,모창,옥당(유화,천적,중일)
	4	화	23	壬子	쥐	木	익(翼)	성(成)	一白	사(師)	부(婦)	천덕,월덕,천은,모창,삼합(사모,귀기)
어린이날	5	수	24	癸丑	소	木	진(軫)	성(成)	二黑	재(災)	주(廚)	천은,삼합,임일,천희(염대,초요,사격)
	• 입하(立夏) 15시 47분 음력 4월의 절기											
	6	목	25	甲寅	범	水	각(角)	수(收)	三碧	안(安)	부(夫)	월공,모창,경안(천강,겁살,월해,토부)
	7	금	26	乙卯	토끼	水	항(亢)	개(開)	四綠	이(利)	고(姑)	월덕합,모창,음덕,시양,생기(재살,천화)
어버이날	8	토	27	丙辰	용	土	저(氐)	폐(閉)	五黃	천(天)	당(堂)	천덕합,시덕,양덕(월살,월허,혈지,오허)
	9	㊐	28	丁巳	뱀	土	방(房)	건(建)	六白	해(害)	옹(翁)	왕일(월건,소시,토부,중일,구진,양착)
	10	월	29	戊午	말	火	심(心)	제(除)	七赤	살(殺)	제(第)	사상,관일,길기,성심(대시,대패,함지)
	11	화	30	己未	양	火	미(尾)	만(滿)	八白	부(富)	조(竈)	월은,사상,수일(월염,지화,구공,구감)
四月小	12	수	4/1	庚申	원숭이	木	기(箕)	평(平)	九紫	천(天)	부(婦)	월덕,상일,육합(하괴,사신,월형,유화)
	13	목	2	辛酉	닭	木	두(斗)	정(定)	一白	이(利)	조(竈)	천덕,민일,삼합,시음,요안(사기,오리)
	14	금	3	壬戌	개	水	우(牛)	집(執)	二黑	안(安)	제(第)	옥우,해신,금궤(소모,천적)
스승의 날	15	토	4	癸亥	돼지	水	여(女)	파(破)	三碧	재(災)	옹(翁)	역마,천후,금당(월파,대모,사폐,중일)
양둔하원	16	㊐	5	甲子	쥐	金	허(虛)	위(危)	四綠	사(師)	당(堂)	월공,천은,천마(천리,치사,오허,백호)
성년의 날	17	월	6	乙丑	소	金	위(危)	성(成)	五黃	부(富)	고(姑)	월덕합,천은,삼합,임일(염대,초요,사격)
5·18민주화운동기념일	18	화	7	丙寅	범	火	실(室)	수(收)	六白	살(殺)	부(夫)	천덕합,천은,모창(천강,겁살,월해,복일)
부처님오신날 발명의 날	19	수	8	丁卯	토끼	火	벽(壁)	개(開)	七赤	해(害)	주(廚)	천은,모창,음덕,시양,보호(재살,천화)
	20	목	9	戊辰	용	木	규(奎)	폐(閉)	八白	천(天)	부(婦)	천은,사상,시덕,복생(월살,월허,오허)
부부의 날	21	금	10	己巳	뱀	木	누(婁)	건(建)	九紫	이(利)	조(竈)	월은,사상,왕일(월건,소시,토부,중일)
	• 소만(小滿) 4시 37분 음력 4월의 중기											
	22	토	11	庚午	말	土	위(胃)	제(除)	一白	안(安)	제(第)	월덕,관일,길기,성심(대시,대패,함지)
	23	㊐	12	辛未	양	土	묘(昴)	만(滿)	二黑	재(災)	옹(翁)	천덕,수일,복덕(월염,지화,구공,대살)
	24	월	13	壬申	원숭이	金	필(畢)	평(平)	三碧	사(師)	당(堂)	상일,육합,오부(하괴,사신,월형,오허)
방재의 날	25	화	14	癸酉	닭	金	자(觜)	정(定)	四綠	부(富)	고(姑)	민일,삼합,시음,요안,제신(사기,오리)
	26	수	15	甲戌	개	火	삼(參)	집(執)	五黃	살(殺)	부(夫)	월공,부장,옥우,해신,금궤(소모,천적)
	27	목	16	乙亥	돼지	火	정(井)	파(破)	六白	해(害)	주(廚)	월덕합,역마,천후,부장(월파,왕망,중일)
	28	금	17	丙子	쥐	水	귀(鬼)	위(危)	七赤	천(天)	부(婦)	천덕합,천마,부장(천리,치사,사기,복일)
	29	토	18	丁丑	소	水	유(柳)	성(成)	八白	이(利)	조(竈)	삼합,임일,천희,옥당(염대,초요,사격)
	30	㊐	19	戊寅	범	土	성(星)	수(收)	九紫	안(安)	제(第)	모창,사상,오합(천강,겁살,월해,토부)
바다의 날	31	월	20	己卯	토끼	土	장(張)	개(開)	一白	재(災)	옹(翁)	천은,모창,월은,사상(재살,천화,지낭)

음력 {3월 20일부터 / 4월 20일까지

신축년 4월 자백

一白	六白	八白
九紫	二黑	四綠
五黃	七赤	三碧

양력(일)	요일	음력일자	민속 신살	행사에 좋은 일 【 】안은 나쁜 일
1	토	3/20		제사, 기복(고사), 결혼, 목욕, 구의요병, 장담그기, 대청소, 납축, 안장 【회친우, 동토, 입권, 교역, 납재, 재종, 파토】
2	㊐	21	월파일	제사, 구의요병, 파옥 【기복(고사), 회친우, 출행, 결혼, 이사, 동토, 상량, 장담그기, 교역, 재종, 파토, 안장】
3	월	22	수사일	회친우, 목욕, 재종, 납축 【기복(고사), 출행, 구의요병, 창고수리, 장담그기, 창고개방, 파토, 안장】
4	화	23	대공망 월기일	제사, 기복(고사), 회친우, 출행, 결혼, 구의요병, 동토, 상량(오시), 장담그기, 교역, 납축, 파토, 안장 【이사, 고기잡기】
5	수	24		회친우, 출행, 구의요병, 재의, 동토, 상량(사시), 장담그기, 입권, 교역, 납축 【결혼, 이사, 고기잡기, 승선도수】
입하				癸巳月 월건 **태양도임(太陽到臨) 경(庚).** 을병정 삼기(乙丙丁 三奇) 감(坎) 곤(坤) 진(震)
6	목	25	천강일	가축잡기 【제사, 기복(고사), 회친우, 출행, 결혼, 이사, 구의요병, 동토, 상량, 장담그기, 교역, 재종, 안장】
7	금	26		제사, 기복(고사), 회친우, 출행, 결혼, 이사, 동토, 상량(오시), 개시, 교역, 납축 【구의요병, 벌목, 고기잡기, 재종】
8	토	27		제사 【기복(고사), 회친우, 출행, 결혼, 이사, 구의요병, 동토, 상량, 장담그기, 교역, 재종, 납축, 안장】
9	㊐	28	복단일 수사일	회친우 【기복(고사), 출행, 결혼, 구의요병, 축제방, 동토, 상량, 창고수리, 파옥, 벌목, 파토, 안장】
10	월	29		제사, 목욕 【기복(고사), 출행, 결혼, 진인구, 이사, 구의요병, 재의, 동토, 상량, 입권, 교역, 재종, 납축】
11	화	30	천적일	제사 【기복(고사), 회친우, 출행, 결혼, 이사, 구의요병, 재의, 동토, 상량, 장담그기, 교역, 재종, 안장】
12	수	4/1		제사, 회친우, 출행, 이사, 동토, 상량(사시), 장담그기, 교역, 납축, 안장 【기복(고사), 결혼, 구의요병, 고기잡기】
13	목	2		제사, 기복(고사), 출행, 결혼, 이사, 동토, 상량(오시), 개시, 교역, 납축, 파토, 안장 【회친우, 구의요병, 장담그기】
14	금	3		목욕, 머리자르기, 구의요병, 가축잡기 【출행, 창고수리, 개시, 입권, 교역, 납재, 창고개방, 출화재】
15	토	4	월파일	• 제사불의(모든 일에 마땅하지 못함)
16	㊐	5	복단일 월기일	회친우, 목욕 【기복(고사), 출행, 결혼, 진인구, 이사, 구의요병, 동토, 상량, 개시, 입권, 교역, 재종, 납축】
17	월	6	대공망	제사, 기복(고사), 회친우, 출행, 결혼, 구의요병, 동토, 상량(사시), 장담그기, 개시, 교역, 납축, 안장 【이사, 재종】
18	화	7	복단일 천강일	회친우, 출행, 결혼, 이사, 재의, 상량(사시), 입권, 교역, 납축 【제사, 구의요병, 동토, 창고수리, 파옥, 전렵, 재종】
19	수	8		제사, 입학 【머리자르기, 구의요병, 장담그기, 우물파기, 벌목, 전렵, 고기잡기】
20	목	9		• 제사불의(모든 일에 마땅하지 못함)
21	금	10	수사일	• 제사불의(모든 일에 마땅하지 못함)
소만				**태양도임(太陽到臨) 신(申).** 을병정 삼기(乙丙丁 三奇) 감(坎) 곤(坤) 진(震)
22	토	11		제사, 기복(고사), 회친우, 출행, 결혼, 이사, 구의요병, 재의, 동토, 상량(오시), 재종, 납축, 파토, 안장 【전렵, 고기잡기】
23	㊐	12	천적일	제사 【출행, 결혼, 이사, 구의요병, 장담그기, 담수리, 벌목, 전렵, 고기잡기, 승선도수, 재종】
24	월	13		제사, 목욕, 대청소 【기복(고사), 출행, 구의요병, 침맞기, 축제방, 동토, 상량, 창고수리, 담수리, 파옥】
25	화	14	복단일 월기일	출행, 결혼, 진인구, 이사, 동토, 상량(오시), 장담그기, 입권, 교역, 납재, 대청소, 납축, 안장 【회친우, 구의요병, 재종】
26	수	15	대공망	목욕, 머리자르기, 구의요병, 가축잡기 【출행, 창고수리, 개시, 입권, 교역, 납재, 창고개방, 출화재】
27	목	16	대공망 월파일	제사, 목욕 【기복(고사), 회친우, 출행, 결혼, 이사, 구의요병, 동토, 상량, 장담그기, 교역, 납축, 안장】
28	금	17		제사, 기복(고사), 회친우, 출행, 이사, 목욕, 재의, 동토, 상량(오시), 재종, 납축 【결혼, 구의요병, 전렵, 안장】
29	토	18		회친우, 출행, 결혼, 구의요병, 동토, 상량(사시), 장담그기, 입권, 교역, 납재, 납축 【이사, 고기잡기, 승선도수】
30	㊐	19	천강일	가축잡기 【제사, 기복(고사), 회친우, 출행, 결혼, 이사, 구의요병, 동토, 상량, 장담그기, 교역, 파토, 안장】
31	월	20		제사, 입학 【구의요병, 축제방, 동토, 창고수리, 파옥, 벌목, 전렵, 고기잡기, 재종, 파토, 안장】

서기 2021년 단기 4354년 신축(辛丑)년 6월

경축·기념일	양력(일)	요일	음력일자	간지	띠별	납음오행	이십팔수	십이직(十二直)	구성(九星)	이사주당	혼인주당	주요 신살(神殺)(괄호 안은 흉신)
	1	화	4/21	庚辰	용	金	익(翼)	폐(閉)	二黑	사(師)	당(堂)	월덕,천은,시덕,양덕(월살,월허,혈지)
	2	수	22	辛巳	뱀	金	진(軫)	건(建)	三碧	부(富)	고(姑)	천덕,천은,왕일(월건,소시,토부,중일)
	3	목	23	壬午	말	木	각(角)	제(除)	四綠	살(殺)	부(夫)	천은,관일,길기,성심(대시,대패,함지)
	4	금	24	癸未	양	木	항(亢)	만(滿)	五黃	해(害)	주(廚)	천은,수일,천무(월염,지화,구공,구감)
환경의 날	5	토	25	甲申	원숭이	水	저(氐)	만(滿)	六白	천(天)	부(婦)	상일,역마,천후,천무,복덕(오허,오리)
	● 망종(芒種) 19시 52분 음력 5월의 절기											
현충일	6	㊐	26	乙酉	닭	水	방(房)	평(平)	七赤	이(利)	조(竈)	민일,부장,경안(천강,사신,치사,천적)
	7	월	27	丙戌	개	土	심(心)	정(定)	八白	안(安)	제(第)	월덕,삼합,임일,시음,보호(사기,천형)
	8	화	28	丁亥	돼지	土	미(尾)	집(執)	九紫	재(災)	옹(翁)	오부,복생(겁살,소모,사궁,복일,중일)
	9	수	29	戊子	쥐	火	기(箕)	파(破)	一白	사(師)	당(堂)	월은,사상,해신(월파,대모,재살,천화)
五月大	10	목	5/1	己丑	소	火	두(斗)	위(危)	二黑	안(安)	부(夫)	사상,음덕,보광(월살,월허,월해,사격)
	11	금	2	庚寅	범	木	우(牛)	성(成)	三碧	이(利)	고(姑)	모창,삼합,천마,익후,오합(대살,귀기)
	12	토	3	辛卯	토끼	木	여(女)	수(收)	四綠	천(天)	당(堂)	월덕합,모창,속세(하괴,대시,대패,함지)
	13	㊐	4	壬辰	용	水	허(虛)	개(開)	五黃	해(害)	옹(翁)	월공,시덕,시양,생기(오허,구공,천뢰)
단 오	14	월	5	癸巳	뱀	水	위(危)	폐(閉)	六白	살(殺)	제(第)	왕일,옥우(유화,혈지,중일,원무)
	15	화	6	甲午	말	金	실(室)	건(建)	七赤	부(富)	조(竈)	천사,양덕,관일(월건,소시,토부,월형)
	16	수	7	乙未	양	金	벽(壁)	제(除)	八白	사(師)	부(婦)	수일,길기,육합,부장(구진)
	17	목	8	丙申	원숭이	火	규(奎)	만(滿)	九紫	재(災)	주(廚)	월덕,상일,역마,천후,복덕(오허,오리)
	18	금	9	丁酉	닭	火	누(婁)	평(平)	一白	안(安)	부(夫)	민일,경안,제신(천강,사신,천적,복일)
	19	토	10	戊戌	개	木	위(胃)	정(定)	二黑	이(利)	고(姑)	월은,사상,삼합,임일,천창(사기,천형)
	20	㊐	11	己亥	돼지	木	묘(昴)	집(執)	三碧	천(天)	당(堂)	사상,오부,복생(겁살,소모,중일,주작)
	21	월	12	庚子	쥐	土	필(畢)	파(破)	四綠	해(害)	옹(翁)	육의,해신(월파,대모,재살,천화,염대)
	● 하지(夏至) 12시 32분 음력 5월의 중기											
	22	화	13	辛丑	소	土	자(觜)	위(危)	五黃	살(殺)	제(第)	월덕합,음덕,성심(월살,월허,월해,사격)
	23	수	14	壬寅	범	金	삼(參)	성(成)	六白	부(富)	조(竈)	월공,모창,삼합,익후,오합(대살,귀기)
	24	목	15	癸卯	토끼	金	정(井)	수(收)	七赤	사(師)	부(婦)	모창,속세,오합(하괴,대시,대패,함지)
6.25전쟁일	25	금	16	甲辰	용	火	귀(鬼)	개(開)	八白	재(災)	주(廚)	시덕,시양,생기(오허,팔풍,구공,지낭)
	26	토	17	乙巳	뱀	火	유(柳)	폐(閉)	九紫	안(安)	부(夫)	왕일,옥우(유화,혈지,중일,원무)
	27	㊐	18	丙午	말	水	성(星)	건(建)	一白	이(利)	고(姑)	월덕,양덕(월건,소시,토부,월형,지화)
철도의 날	28	월	19	丁未	양	水	장(張)	제(除)	二黑	천(天)	당(堂)	천원,수일,길기,육합(복일,팔전,구진)
	29	화	20	戊申	원숭이	土	익(翼)	만(滿)	三碧	해(害)	옹(翁)	월은,사상,역마,천무,복덕(오허,오리)
	30	수	21	己酉	닭	土	진(軫)	평(平)	四綠	살(殺)	제(第)	천은,사상,민일(천강,사신,천리,천적)

음력 {4월 21일부터 5월 21일까지

신축년 5월 자백

九紫	五黃	七赤
八白	一白	三碧
四綠	六白	二黑

양력(일)	요일	음력일자	민속 신살	행사에 좋은 일 【 】안은 나쁜 일
1	화	4/21		제사【기복(고사), 회친우, 출행, 결혼, 이사, 구의요병, 동토, 상량, 장담그기, 교역, 납축, 파토, 안장】
2	수	22	수사일	제사, 기복(고사), 회친우, 결혼, 이사, 구의요병, 재의, 상량(오시), 납축【출행, 동토, 장담그기, 재종, 파토】
3	목	23	복단일 월기일	제사, 기복(고사), 회친우, 출행, 목욕, 머리자르기, 구의요병, 대청소, 파토, 안장【도랑치기】
4	금	24	대공망 천적일	제사【기복(고사), 회친우, 출행, 결혼, 이사, 구의요병, 동토, 상량, 장담그기, 교역, 벌목, 재종, 파토, 안장】
5	토	25	대공망	제사, 기복(고사), 출행, 이사, 재의, 개시, 파토, 안장【회친우, 결혼, 구의요병, 입권, 교역, 출화재, 승선도수】
망종				甲午月 월건 **태양도임(太陽到臨) 곤(坤).** 을병정 삼기(乙丙丁 三奇) 감(坎) 곤(坤) 진(震)
6	㊐	26	대공망	목욕, 대청소【기복(고사), 회친우, 출행, 결혼, 이사, 구의요병, 동토, 상량, 장담그기, 교역, 납축, 안장】
7	월	27		제사, 기복(고사), 회친우, 출행, 결혼, 이사, 재의, 동토, 상량(사시), 장담그기, 교역, 안장【구의요병, 고기잡기】
8	화	28		제사, 목욕【기복(고사), 회친우, 출행, 결혼, 이사, 구의요병, 동토, 상량, 장담그기, 교역, 파토, 안장】
9	수	29	월파 천적 수사일	● 제사불의(모든 일에 마땅하지 못함)
10	목	5/1	복단일	제사【기복(고사), 회친우, 출행, 결혼, 이사, 구의요병, 동토, 상량, 장담그기, 교역, 납축, 파토, 안장】
11	금	2		회친우, 출행, 결혼, 진인구, 구의요병, 동토, 상량(사시), 장담그기, 개시, 입권, 교역, 재종, 납축, 파토【제사, 이사】
12	토	3	복단일	제사【출행, 진인구, 이사, 구의요병, 침맞기, 장담그기, 담수리, 가축잡기, 고기잡기, 승선도수, 재종】
13	㊐	4	대공망	제사, 기복(고사), 회친우, 출행, 결혼, 이사, 구의요병, 동토, 상량(사시), 재종【개시, 입권, 교역, 벌목, 고기잡기】
14	월	5	대공망 월기일	재의, 축제방, 담수리【기복(고사), 회친우, 출행, 결혼, 진인구, 이사, 구의요병, 동토, 상량, 파토, 안장】
15	화	6	대공망	제사【기복(고사), 회친우, 출행, 결혼, 이사, 구의요병, 동토, 상량, 장담그기, 교역, 납축, 파토, 안장】
16	수	7		회친우, 출행, 결혼, 진인구, 목욕, 장담그기, 입권, 교역, 납재, 대청소, 납축, 안장【구의요병, 재종】
17	목	8		제사, 기복(고사), 회친우, 출행, 결혼, 이사, 구의요병, 동토, 상량(사시), 교역, 재종, 파토, 안장【전렵, 고기잡기】
18	금	9		목욕, 대청소【기복(고사), 회친우, 출행, 결혼, 이사, 구의요병, 동토, 상량, 장담그기, 교역, 납축, 안장】
19	토	10	복단일	제사, 기복(고사), 회친우, 출행, 결혼, 이사, 동토, 상량(사시), 장담그기, 입권, 교역, 납재, 납축【구의요병, 재종】
20	㊐	11		제사, 목욕【기복(고사), 회친우, 출행, 결혼, 진인구, 이사, 구의요병, 동토, 상량, 장담그기, 파토, 안장】
21	월	12	천적일 수사일	● 제사불의(모든 일에 마땅하지 못함)
하지				**태양도임(太陽到臨) 미(未).** 을병정 삼기(乙丙丁 三奇) 진(震) 곤(坤) 감(坎)
22	화	13		제사【관대, 구의요병, 장담그기, 전렵, 고기잡기】
23	수	14	대공망 월기일	회친우, 입학, 출행, 결혼, 진인구, 구의요병, 재의, 동토, 상량(사시), 장담그기, 교역, 재종, 납축, 파토【제사, 이사】
24	목	15	대공망	제사【기복(고사), 회친우, 출행, 결혼, 이사, 구의요병, 동토, 상량, 장담그기, 입권, 교역, 재종, 안장】
25	금	16		제사, 기복(고사), 회친우, 출행, 결혼, 이사, 구의요병, 상량(사시)【동토, 교역, 파옥, 벌목, 승선도수, 재종, 파토】
26	토	17		재의, 축제방, 담수리【기복(고사), 회친우, 출행, 결혼, 이사, 구의요병, 동토, 상량, 출화재, 파토, 안장】
27	㊐	18		● 제사불의(모든 일에 마땅하지 못함)
28	월	19	복단일	제사, 기복(고사), 회친우, 출행, 결혼, 이사, 재의, 동토, 상량(사시), 장담그기, 개시, 입권, 교역, 재종【구의요병】
29	화	20		제사, 기복(고사), 출행, 이사, 구의요병, 재의, 동토, 상량(사시), 개시, 재종【회친우, 결혼, 입권, 교역, 창고수리】
30	수	21		제사, 대청소【기복(고사), 회친우, 출행, 결혼, 이사, 구의요병, 동토, 상량, 장담그기, 교역, 파토, 안장】

서기 2021년
단기 4354년

신축(辛丑)년 7월

경축·기념일	양력(일)	요일	음력일자	간지	띠별	납음오행	이십팔수	십이직(十二直)	구성(九星)	이사주당	혼인주당	주요 신살(神殺) (괄호 안은 흉신)
	1	목	5/22	庚戌	개	金	각(角)	정(定)	五黃	부(富)	조(竈)	천은,삼합,임일,보호,천창(사기,천형)
	2	금	23	辛亥	돼지	金	항(亢)	집(執)	六白	사(師)	부(婦)	월덕합,천은,오부,복생(겁살,소모,중일)
	3	토	24	壬子	쥐	木	저(氐)	파(破)	七赤	재(災)	주(廚)	월공,천은,육의(월파,대모,재살,천화)
	4	㊐	25	癸丑	소	木	방(房)	위(危)	八白	안(安)	부(夫)	천은,음덕,성심(월살,월허,월해,사격)
	5	월	26	甲寅	범	水	심(心)	성(成)	九紫	이(利)	고(姑)	모창,삼합,천마,천희,천의(대살,귀기)
	6	화	27	乙卯	토끼	水	미(尾)	수(收)	一白	천(天)	당(堂)	모창,속세,오합(하괴,대시,대패,함지)
	7	수	28	丙辰	용	土	기(箕)	수(收)	二黑	해(害)	옹(翁)	시덕,천마,보호(천강,오허,지낭,백호)
	● 소서(小暑) 6시 5분 음력 6월의 절기											
	8	목	29	丁巳	뱀	土	두(斗)	개(開)	三碧	살(殺)	제(第)	왕일,역마,천후(월염,지화,중일,대회)
	9	금	30	戊午	말	火	우(牛)	폐(閉)	四綠	부(富)	조(竈)	천원,사상,관일(천리,치사,혈지,왕망)
六月小	10	토	6/1	己未	양	火	여(女)	건(建)	五黃	천(天)	부(婦)	천덕합,월덕합(월건,소시,토부,복일)
초 복	11	㊐	2	庚申	원숭이	木	허(虛)	제(除)	六白	이(利)	조(竈)	월공,양덕,상일,익후(겁살,천적,오허)
	12	월	3	辛酉	닭	木	위(危)	만(滿)	七赤	안(安)	제(第)	월은,민일,천무,복덕(재살,천화,혈기)
	13	화	4	壬戌	개	水	실(室)	평(平)	八白	재(災)	옹(翁)	부장,요안(하괴,사신,월살,월허,토부)
	14	수	5	癸亥	돼지	水	벽(壁)	정(定)	九紫	사(師)	당(堂)	음덕,삼합,시음,옥우(염대,초요,중일)
음둔상원	15	목	6	甲子	쥐	金	규(奎)	집(執)	九紫	부(富)	고(姑)	천덕,월덕,천은(월해,대시,대패,소모)
	16	금	7	乙丑	소	金	누(婁)	파(破)	八白	살(殺)	부(夫)	천은(월파,대모,월형,사격,구공,주작)
제헌절	17	토	8	丙寅	범	火	위(胃)	위(危)	七赤	해(害)	주(廚)	천은,모창,오부,오합,금궤,명폐대(유화)
	18	㊐	9	丁卯	토끼	火	묘(昴)	성(成)	六白	천(天)	부(婦)	천은,모창,삼합,임일,천희,보광(대살)
토왕용사	19	월	10	戊辰	용	木	필(畢)	수(收)	五黃	이(利)	조(竈)	천은,사상,시덕,천마(천강,오허,오묘)
	20	화	11	己巳	뱀	木	자(觜)	개(開)	四綠	안(安)	제(第)	천덕합,사상,왕일,역마(월염,지화,중일)
중 복	21	수	12	庚午	말	土	삼(參)	폐(閉)	三碧	재(災)	옹(翁)	월공,관일,육합(천리,치사,혈지,왕망)
	22	목	13	辛未	양	土	정(井)	건(建)	二黑	사(師)	당(堂)	월은,수일,성심(월건,소시,토부,원무)
	● 대서(大暑) 23시 26분 음력 6월의 중기											
	23	금	14	壬申	원숭이	金	귀(鬼)	제(除)	一白	부(富)	고(姑)	양덕,상일,길기,익후(겁살,천적,오허)
유 두	24	토	15	癸酉	닭	金	유(柳)	만(滿)	九紫	살(殺)	부(夫)	민일,천무,복덕,천창(재살,천화,혈기)
	25	㊐	16	甲戌	개	火	성(星)	평(平)	八白	해(害)	주(廚)	천덕,월덕,요안(하괴,사신,월살,월허)
	26	월	17	乙亥	돼지	火	장(張)	정(定)	七赤	천(天)	부(婦)	음덕,삼합,시음,옥우(염대,초요,중일)
	27	화	18	丙子	쥐	水	익(翼)	집(執)	六白	이(利)	조(竈)	금당,해신(월해,대시,함지,소모,귀기)
	28	수	19	丁丑	소	水	진(軫)	파(破)	五黃	안(安)	제(第)	(월파,대모,월형,사격,구공,주작)
	29	목	20	戊寅	범	土	각(角)	위(危)	四綠	재(災)	옹(翁)	모창,사상,오부,오합,금궤(유화)
	30	금	21	己卯	토끼	土	항(亢)	성(成)	三碧	사(師)	당(堂)	천덕합,월덕합,천은,사상(대살,복일)
	31	토	22	庚辰	용	金	저(氐)	수(收)	二黑	부(富)	고(姑)	월공,천은,시덕,천마(천강,오허,백호)

음력 {5월 22일부터 6월 22일까지

신축년 6월 자백

八白	四綠	六白
七赤	九紫	二黑
三碧	五黃	一白

양력(일)	요일	음력 일자	민속 신살	행사에 좋은 일 【 】안은 나쁜 일
1	목	5/22		제사, 기복(고사), 회친우, 결혼, 진인구, 재의, 동토, 상량(사시), 장담그기, 입권, 교역, 납재, 납축 【구의요병, 재종】
2	금	23	월기일	제사, 목욕 【구의요병, 창고수리, 장담그기, 개시, 입권, 교역, 납재, 창고개방, 출화재, 전렵, 고기잡기】
3	토	24	대공망 천적 월파일	● 제사불의(모든 일에 마땅하지 못함)
4	㊐	25		제사 【기복(고사), 회친우, 출행, 결혼, 이사, 구의요병, 축제방, 동토, 상량, 장담그기, 교역, 파토, 안장】
5	월	26		회친우, 입학, 출행, 진인구, 구의요병, 축제방, 동토, 상량(사시), 장담그기, 교역, 재종, 납축, 파토 【제사, 결혼, 이사】
6	화	27		제사 【기복(고사), 회친우, 출행, 결혼, 이사, 구의요병, 동토, 상량, 장담그기, 교역, 납축, 파토, 안장】
7	수	28	복단일 천강일	제사, 납축 【기복(고사), 회친우, 출행, 결혼, 이사, 구의요병, 동토, 상량, 장담그기, 교역, 재종, 안장】
소서			乙未月 월건	태양도임(太陽到臨) 정(丁). 을병정 삼기(乙丙丁 三奇) 진(震) 곤(坤) 감(坎)
8	목	29	천적일	● 제사불의(모든 일에 마땅하지 못함)
9	금	30	수사일	제사 【기복(고사), 회친우, 출행, 결혼, 진인구, 이사, 구의요병, 동토, 상량, 개시, 입권, 교역, 재종, 납축】
10	토	6/1		제사, 회친우, 출행, 이사, 납축 【기복(고사), 결혼, 구의요병, 축제방, 동토, 상량, 파옥, 벌목, 재종, 안장】
11	㊐	2		제사, 목욕 【회친우, 출행, 결혼, 이사, 구의요병, 동토, 상량, 장담그기, 개시, 입권, 교역, 재종, 납축】
12	월	3		제사, 목욕 【기복(고사), 회친우, 출행, 결혼, 이사, 구의요병, 동토, 상량, 장담그기, 교역, 재종, 안장】
13	화	4		● 제사불의(모든 일에 마땅하지 못함)
14	수	5	복단일 월기일	목욕 【기복(고사), 회친우, 출행, 결혼, 진인구, 이사, 구의요병, 동토, 상량, 장담그기, 교역, 안장】
15	목	6		제사, 기복(고사), 회친우, 출행, 결혼, 재의, 동토, 상량(오시), 납축, 안장 【이사, 구의요병, 창고개방, 승선도수】
16	금	7	대공망 월파일	● 제사불의(모든 일에 마땅하지 못함)
17	토	8		회친우, 결혼, 장담그기, 개시, 입권, 교역, 납재, 창고개방, 재종, 납축, 파토 【제사, 기복(고사), 구의요병】
18	㊐	9		회친우, 입학, 출행, 결혼, 진인구, 이사, 구의요병, 동토, 상량(오시), 장담그기, 교역, 재종, 납축 【머리자르기】
19	월	10	천강일	제사 【기복(고사), 회친우, 출행, 결혼, 이사, 구의요병, 동토, 상량, 장담그기, 교역, 재종, 파토, 안장】
20	화	11	천적일	제사 【기복(고사), 회친우, 출행, 결혼, 이사, 구의요병, 동토, 상량, 장담그기, 입권, 교역, 납축, 안장】
21	수	12	수사일	장담그기, 안장 【기복(고사), 회친우, 출행, 결혼, 이사, 구의요병, 동토, 상량, 입권, 교역, 재종, 납축】
22	목	13		제사, 기복(고사), 회친우, 출행, 결혼, 이사, 재의, 상량(사시), 창고개방 【구의요병, 동토, 장담그기, 벌목, 재종】
대서				태양도임(太陽到臨) 오(午). 을병정 삼기(乙丙丁 三奇) 진(震) 곤(坤) 감(坎)
23	금	14	복단일 월기일	제사, 목욕 【회친우, 출행, 결혼, 진인구, 이사, 구의요병, 동토, 상량, 장담그기, 입권, 교역, 재종, 납축】
24	토	15		제사, 목욕 【기복(고사), 회친우, 출행, 결혼, 이사, 구의요병, 동토, 상량, 장담그기, 교역, 재종, 안장】
25	㊐	16	대공망	제사 【기복(고사), 회친우, 출행, 결혼, 이사, 구의요병, 동토, 상량, 장담그기, 교역, 재종, 납축, 안장】
26	월	17	대공망	회친우, 결혼, 진인구, 목욕, 재의, 동토, 상량(오시), 장담그기, 입권, 교역, 납축 【구의요병, 재종, 파토, 안장】
27	화	18		목욕 【기복(고사), 회친우, 출행, 결혼, 이사, 구의요병, 동토, 상량, 장담그기, 입권, 교역, 재종, 안장】
28	수	19	월파일	● 제사불의(모든 일에 마땅하지 못함)
29	목	20		회친우, 출행, 결혼, 이사, 동토, 상량(사시), 장담그기, 개시, 입권, 교역, 납재, 재종, 납축 【제사, 기복(고사), 구의요병】
30	금	21		제사, 기복(고사), 회친우, 출행, 결혼, 이사, 구의요병, 동토, 상량(오시), 장담그기, 교역, 재종, 납축 【고기잡기】
31	토	22	천강일	제사, 재종, 납축 【기복(고사), 회친우, 출행, 결혼, 이사, 구의요병, 동토, 상량, 장담그기, 교역, 파토, 안장】

서기 2021년
단기 4354년

신축(辛丑)년 8월

경축·기념일	양력(일)	요일	음력일자	간지	띠별	납음오행	이십팔수	십이직(十二直)	구성(九星)	이사주당	혼인주당	주요 신살(神殺) (괄호 안은 흉신)
	1	㊐	6/23	辛巳	뱀	金	방(房)	개(開)	一白	살(殺)	부(夫)	천은,월은,왕일,역마(월염,지화,중일)
	2	월	24	壬午	말	木	심(心)	폐(閉)	九紫	해(害)	주(廚)	천은,관일,육합(천리,치사,혈지,왕망)
	3	화	25	癸未	양	木	미(尾)	건(建)	八白	천(天)	부(婦)	천은,수일,부장(월건,소시,토부,원무)
	4	수	26	甲申	원숭이	水	기(箕)	제(除)	七赤	이(利)	조(竈)	천덕,월덕,양덕,상일(겁살,천적,오허)
	5	목	27	乙酉	닭	水	두(斗)	만(滿)	六白	안(安)	제(第)	민일,천무,복덕,천창(재살,천화,혈기)
	6	금	28	丙戌	개	土	우(牛)	평(平)	五黃	재(災)	옹(翁)	요안,청룡(하괴,사신,월살,월허,토부)
	7	토	29	丁亥	돼지	土	여(女)	평(平)	四綠	사(師)	당(堂)	월덕합,상일(천강,사신,유화,오허,중일)
	• 입추(立秋) 15시 54분 음력 7월의 절기											
七月大	8	㊐	7/1	戊子	쥐	火	허(虛)	정(定)	三碧	안(安)	부(夫)	천덕합,시덕,민일,임일,복생(사기)
	9	월	2	己丑	소	火	위(危)	집(執)	二黑	이(利)	고(姑)	모창,명당(소모,귀기)
말 복	10	화	3	庚寅	범	木	실(室)	파(破)	一白	천(天)	당(堂)	역마,천후,성심,해신(월파,대모,복일)
	11	수	4	辛卯	토끼	木	벽(壁)	위(危)	九紫	해(害)	옹(翁)	익후,오합(천리,치사,오허,토부,주작)
	12	목	5	壬辰	용	水	규(奎)	성(成)	八白	살(殺)	제(第)	월덕,모창,월은,사상(월염,지화,대살)
	13	금	6	癸巳	뱀	水	누(婁)	수(收)	七赤	부(富)	조(竈)	천덕,사상,육합,요안(하괴,겁살,중일)
칠 석	14	토	7	甲午	말	金	위(胃)	개(開)	六白	사(師)	부(婦)	천마,시양,생기,옥우,부장(재살,천화)
광복절	15	㊐	8	乙未	양	金	묘(昴)	폐(閉)	五黃	재(災)	주(廚)	모창,부장,옥당(월살,월허,혈지,천적)
	16	월	9	丙申	원숭이	火	필(畢)	건(建)	四綠	안(安)	부(夫)	월공,왕일,천창(월건,소시,토부,천뢰)
	17	화	10	丁酉	닭	火	자(觜)	제(除)	三碧	이(利)	고(姑)	월덕합,음덕,관일(대시,대패,함지,왕망)
	18	수	11	戊戌	개	木	삼(參)	만(滿)	二黑	천(天)	당(堂)	천덕합,모창,양덕,복덕(염대,초요,구공)
	19	목	12	己亥	돼지	木	정(井)	평(平)	一白	해(害)	옹(翁)	상일,보호(천강,사신,월해,유화,중일)
	20	금	13	庚子	쥐	土	귀(鬼)	정(定)	九紫	살(殺)	제(第)	천덕,민일,삼합,임일,복생(사기,복일)
	21	토	14	辛丑	소	土	유(柳)	집(執)	八白	부(富)	조(竈)	모창,명당(소모,오묘,귀기)
백 중	22	㊐	15	壬寅	범	金	성(星)	파(破)	七赤	사(師)	부(婦)	월덕,월은,역마,천후,오합(월파,대모)
	23	월	16	癸卯	토끼	金	장(張)	위(危)	六白	재(災)	주(廚)	천덕,사상,익후,오합(천리,치사,오허)
	• 처서(處暑) 6시 35분 음력 7월의 중기											
	24	화	17	甲辰	용	火	익(翼)	성(成)	五黃	안(安)	부(夫)	모창,삼합,천희(월염,지화,사격,대살)
	25	수	18	乙巳	뱀	火	진(軫)	수(收)	四綠	이(利)	고(姑)	육합,오부,부장,요안(하괴,겁살,중일)
	26	목	19	丙午	말	水	각(角)	개(開)	三碧	천(天)	당(堂)	월공,천마,시양,생기,옥우(재살,천화)
	27	금	20	丁未	양	水	항(亢)	폐(閉)	二黑	해(害)	옹(翁)	월덕합,모창(월살,월허,천적,오허,혈지)
	28	토	21	戊申	원숭이	土	저(氐)	건(建)	一白	살(殺)	제(第)	천덕합,천사,왕일,부장(월건,소시,토부)
	29	㊐	22	己酉	닭	土	방(房)	제(除)	九紫	부(富)	조(竈)	천은,음덕,관일(대시,대패,함지,왕망)
	30	월	23	庚戌	개	金	심(心)	만(滿)	八白	사(師)	부(婦)	천은,모창,복덕,육의(염대,초요,복일)
	31	화	24	辛亥	돼지	金	미(尾)	평(平)	七赤	재(災)	주(廚)	천은,상일,보호(천강,사신,유화,중일)

음력 {6월 23일부터 7월 24일까지

신축년 7월 자백

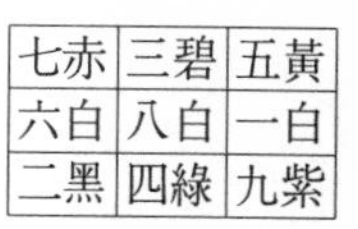

七赤	三碧	五黃
六白	八白	一白
二黑	四綠	九紫

양력(일)	요일	음력일자	민속 신살	행사에 좋은 일 【 】안은 나쁜 일
1	㊐	6/23	복단 천적 월기일	제사【기복(고사), 회친우, 출행, 결혼, 이사, 구의요병, 동토, 상량, 장담그기, 교역, 재종, 파토, 안장】
2	월	24	수사일	장담그기, 파토, 안장【기복(고사), 회친우, 출행, 결혼, 이사, 구의요병, 동토, 상량, 교역, 재종, 납축】
3	화	25	대공망	제사, 회친우, 출행【기복(고사), 결혼, 구의요병, 축제방, 동토, 상량, 창고수리, 파옥, 벌목, 파토, 안장】
4	수	26	대공망	제사, 기복(고사), 회친우, 결혼, 이사, 목욕, 동토, 상량(사시), 재종, 납축, 파토, 안장【출행, 구의요병, 창고수리】
5	목	27	대공망	제사, 대청소【기복(고사), 회친우, 출행, 결혼, 이사, 구의요병, 동토, 상량, 장담그기, 교역, 파토, 안장】
6	금	28		● 제사불의(모든 일에 마땅하지 못함)
7	토	29	천강일	제사, 회친우, 출행, 결혼, 이사, 상량(오시), 납축【기복(고사), 구의요병, 축제방, 동토, 파옥, 재종, 파토】
입추 丙申月 월건				**태양도임(太陽到臨) 병(丙).** 을병정 삼기(乙丙丁 三奇) 중(中) 손(巽) 진(震)
8	㊐	7/1	복단일	제사, 기복(고사), 회친우, 출행, 결혼, 이사, 동토, 상량(오시), 장담그기, 교역, 재종, 납축, 안장【구의요병, 전렵】
9	월	2	수사일	가축잡기, 재종, 납축【관대, 이사, 창고수리, 개시, 입권, 교역, 납재, 창고개방, 출화재】
10	화	3	복단일 월파일	● 제사불의(모든 일에 마땅하지 못함)
11	수	4		제사, 회친우【기복(고사), 출행, 결혼, 진인구, 이사, 구의요병, 동토, 상량, 장담그기, 교역, 파옥, 재종】
12	목	5	대공망 월기일	제사, 기복(고사), 회친우, 동토, 상량(사시), 장담그기, 교역, 안장【출행, 결혼, 이사, 구의요병, 침맞기, 재종】
13	금	6	대공망	제사, 기복(고사), 회친우, 결혼, 이사, 동토, 상량(오시), 장담그기, 입권, 교역, 재종【출행, 구의요병, 고기잡기】
14	토	7	대공망	제사, 입학【관대, 결혼, 진인구, 구의요병, 경락, 장담그기, 창고개방, 출화재, 벌목, 전렵, 고기잡기】
15	㊐	8		● 제사불의(모든 일에 마땅하지 못함)
16	월	9		출행, 목욕, 재의, 납축【기복(고사), 회친우, 결혼, 구의요병, 축제방, 동토, 상량, 입권, 교역, 재종, 안장】
17	화	10	복단일	제사, 기복(고사), 결혼, 재의, 동토, 상량(오시), 납축, 안장【회친우, 출행, 진인구, 이사, 구의요병, 승선도수】
18	수	11	천적일	회친우, 출행, 결혼, 진인구, 이사, 구의요병, 동토, 상량(사시), 개시, 입권, 교역, 재종, 납축, 안장【제사, 전렵】
19	목	12	천강일	제사, 목욕【기복(고사), 회친우, 출행, 결혼, 이사, 구의요병, 동토, 상량, 장담그기, 교역, 재종, 안장】
20	금	13		제사, 기복(고사), 회친우, 출행, 이사, 동토, 상량(오시), 장담그기, 입권, 교역, 납축【결혼, 구의요병, 재종, 안장】
21	토	14	수사일 월기일	가축잡기【출행, 결혼, 진인구, 이사, 구의요병, 동토, 상량, 장담그기, 입권, 교역, 재종, 납축, 안장】
22	㊐	15	대공망 월파일	목욕【제사, 기복(고사), 회친우, 출행, 결혼, 이사, 구의요병, 동토, 상량, 장담그기, 교역, 재종, 안장】
23	월	16	대공망	제사, 기복(고사), 회친우, 출행, 결혼, 이사, 상량(오시), 입권, 교역, 납축, 안장【구의요병, 동토, 파옥, 재종, 파토】
처서				**태양도임(太陽到臨) 사(巳).** 을병정 삼기(乙丙丁 三奇) 중(中) 손(巽) 진(震)
24	화	17		제사, 입학【기복(고사), 회친우, 출행, 결혼, 이사, 구의요병, 동토, 상량, 장담그기, 교역, 재종, 안장】
25	수	18		회친우, 결혼, 진인구, 장담그기, 개시, 입권, 교역, 납재, 창고개방, 출화재, 가축잡기, 납축【출행, 구의요병, 재종】
26	목	19	복단일	제사, 입학【관대, 결혼, 진인구, 구의요병, 경락, 장담그기, 벌목, 전렵, 고기잡기】
27	금	20		제사【기복(고사), 회친우, 출행, 결혼, 이사, 구의요병, 동토, 상량, 장담그기, 교역, 재종, 납축, 안장】
28	토	21		제사, 기복(고사), 회친우, 출행, 결혼, 진인구, 이사, 목욕, 구의요병, 재의, 상량(사시), 납재, 대청소, 납축, 안장
29	㊐	22		목욕, 대청소, 파토, 안장【회친우, 출행, 결혼, 진인구, 이사, 구의요병, 입권, 교역, 전렵, 승선도수, 재종】
30	월	23	천적일 월기일	회친우, 재의, 재종, 납축【제사, 결혼, 진인구, 구의요병, 개시, 입권, 교역, 납재, 승선도수, 파토, 안장】
31	화	24	천강일	제사, 목욕【기복(고사), 회친우, 출행, 결혼, 이사, 구의요병, 동토, 상량, 장담그기, 교역, 재종, 안장】

서기 2021년
단기 4354년

신축(辛丑)년 9월

경축·기념일	양력(일)	요일	음력일자	간지	띠별	납음오행	이십팔수	십이직(十二直)	구성(九星)	이사주당	혼인주당	주요 신살(神殺) (괄호 안은 흉신)
	1	수	7/25	壬子	쥐	木	기(箕)	정(定)	六白	안(安)	부(夫)	월덕,천은,월은,사상,임일,복생(사기)
	2	목	26	癸丑	소	木	두(斗)	집(執)	五黃	이(利)	고(姑)	천덕,천은,모창,사상(소모,귀기,팔전)
	3	금	27	甲寅	범	水	우(牛)	파(破)	四綠	천(天)	당(堂)	역마,천후,성심(월파,대모,월형,사폐)
	4	토	28	乙卯	토끼	水	여(女)	위(危)	三碧	해(害)	옹(翁)	익후,오합(천리,치사,사폐,오허,토부)
	5	㊐	29	丙辰	용	土	허(虛)	성(成)	二黑	살(殺)	제(第)	월공,모창,삼합(월염,지화,사격,대살)
	6	월	30	丁巳	뱀	土	위(危)	수(收)	一白	부(富)	조(竈)	월덕합,육합,오부,요안(하괴,겁살,지낭)
八月小 사회복지의 날	7	화	8/1	戊午	말	火	실(室)	수(收)	九紫	천(天)	부(婦)	부장,복생(천강,대시,대패,천적,사모)
	● 백로(白露) 18시 53분 음력 8월의 절기											
	8	수	2	己未	양	火	벽(壁)	개(開)	八白	이(利)	조(竈)	모창,음덕,시양,생기(오허,구공,토부)
	9	목	3	庚申	원숭이	木	규(奎)	폐(閉)	七赤	안(安)	제(第)	월덕,왕일,오부,성심(유화,혈지,오리)
	10	금	4	辛酉	닭	木	누(婁)	건(建)	六白	재(災)	옹(翁)	관일,육의,익후(월건,소시,토부,월형)
	11	토	5	壬戌	개	水	위(胃)	제(除)	五黃	사(師)	당(堂)	모창,사상,수일,길기(월해,혈기,천뢰)
	12	㊐	6	癸亥	돼지	水	묘(昴)	만(滿)	四綠	부(富)	고(姑)	월은,사상,상일,역마,복덕(오허,대살)
음둔중원	13	월	7	甲子	쥐	金	필(畢)	평(平)	三碧	살(殺)	부(夫)	월공,천은,시덕,민일(하괴,사신,치사)
	14	화	8	乙丑	소	金	자(觜)	정(定)	二黑	해(害)	주(廚)	월덕합,천은,모창,삼합,시음(사기,구진)
	15	수	9	丙寅	범	火	삼(參)	집(執)	一白	천(天)	부(婦)	천은,해신,오합,청룡(겁살,소모,지낭)
	16	목	10	丁卯	토끼	火	정(井)	파(破)	九紫	이(利)	조(竈)	천은,오합,명당(월파,대모,재살,지화)
	17	금	11	戊辰	용	木	귀(鬼)	위(危)	八白	안(安)	제(第)	천은,모창,육합,부장(월살,월허,천형)
	18	토	12	己巳	뱀	木	유(柳)	성(成)	七赤	재(災)	옹(翁)	삼합,임일,천희,천의,보호(중일,주작)
	19	㊐	13	庚午	말	土	성(星)	수(收)	六白	사(師)	당(堂)	월덕,복생,금궤(천강,대시,대패,천적)
추석연휴	20	월	14	辛未	양	土	장(張)	개(開)	五黃	부(富)	고(姑)	모창,음덕,생기,천창(오허,구공,복일)
추석	21	화	15	壬申	원숭이	金	익(翼)	폐(閉)	四綠	살(殺)	부(夫)	사상,왕일,천마,오부(유화,혈지,오리)
추석연휴	22	수	16	癸酉	닭	金	진(軫)	건(建)	三碧	해(害)	주(廚)	월은,사상,관일(월건,소시,토부,염대)
	23	목	17	甲戌	개	火	각(角)	제(除)	二黑	천(天)	부(婦)	월공,모창,수일,길기(월해,혈기,천뢰)
	● 추분(秋分) 4시 21분 음력 8월의 중기											
	24	금	18	乙亥	돼지	火	항(亢)	만(滿)	一白	이(利)	조(竈)	월덕합,상일,역마,천후,복덕(오허,대살)
	25	토	19	丙子	쥐	水	저(氐)	평(平)	九紫	안(安)	제(第)	시덕,양덕,민일(하괴,사신,치사,왕망)
	26	㊐	20	丁丑	소	水	방(房)	정(定)	八白	재(災)	옹(翁)	모창,삼합,시음,금당(사기,구진)
추사	27	월	21	戊寅	범	土	심(心)	집(執)	七赤	사(師)	당(堂)	해신,오합,청룡(겁살,소모,귀기)
	28	화	22	己卯	토끼	土	미(尾)	파(破)	六白	부(富)	고(姑)	천은,오합,명당(월파,대모,재살,천화)
	29	수	23	庚辰	용	金	기(箕)	위(危)	五黃	살(殺)	부(夫)	월덕,천은,모창,육합(월살,월허,천형)
	30	목	24	辛巳	뱀	金	두(斗)	성(成)	四綠	해(害)	주(廚)	천은,삼합,임일,보호,부장(복일,중일)

음력 {7월 25일부터 8월 24일까지

신축년 8월 자백

六白	二黑	四綠
五黃	七赤	九紫
一白	三碧	八白

양력(일)	요일	음력일자	민속 신살	행사에 좋은 일 【 】안은 나쁜 일
1	수	7/25	대공망	제사, 기복(고사), 회친우, 출행, 결혼, 이사, 동토, 상량(오시), 장담그기, 교역, 납축, 파토, 안장 【구의요병, 전렵】
2	목	26	복단일 수사일	제사, 기복(고사), 회친우, 출행, 구의요병, 재의, 동토, 상량(사시), 재종, 납축, 안장 【결혼, 이사, 승선도수】
3	금	27	월파일	● 제사불의(모든 일에 마땅하지 못함)
4	토	28	복단일	● 제사불의(모든 일에 마땅하지 못함)
5	㊐	29		제사, 입학 【기복(고사), 회친우, 출행, 결혼, 이사, 구의요병, 동토, 상량, 장담그기, 교역, 재종, 안장】
6	월	30		제사, 기복(고사), 회친우, 결혼, 이사, 상량(오시), 장담그기, 교역, 납축 【출행, 구의요병, 동토, 재종, 파토】
7	화	8/1		제사 【기복(고사), 회친우, 출행, 결혼, 이사, 구의요병, 재의, 동토, 상량, 장담그기, 교역, 재종, 안장】
백로 丁酉月 월건				**태양도임(太陽到臨) 손(巽).** 을병정 삼기(乙丙丁 三奇) 중(中) 손(巽) 진(震)
8	수	2	수사일	제사, 기복(고사), 회친우, 입학, 출행, 이사, 상량(사시), 납축 【결혼, 구의요병, 동토, 교역, 파옥, 재종, 파토】
9	목	3		제사, 목욕, 장담그기, 입권, 교역, 납재, 대청소, 재종, 납축, 파토, 안장 【기복(고사), 결혼, 구의요병, 전렵】
10	금	4		제사, 목욕 【기복(고사), 회친우, 출행, 결혼, 이사, 구의요병, 동토, 상량, 장담그기, 교역, 재종, 안장】
11	토	5	복단일 월기일	제사, 출행, 이사, 동토, 상량(사시), 재종 【기복(고사), 회친우, 결혼, 구의요병, 장담그기, 교역, 납축, 안장】
12	㊐	6		제사, 목욕 【창고수리, 창고개방, 출화재, 파토, 안장】
13	월	7		제사, 목욕 【기복(고사), 회친우, 출행, 결혼, 이사, 구의요병, 동토, 상량, 장담그기, 교역, 재종, 안장】
14	화	8	대공망	제사, 기복(고사), 회친우, 출행, 결혼, 이사, 동토, 상량(사시), 장담그기, 교역, 납축, 안장 【구의요병, 전렵, 재종】
15	수	9		목욕 【제사, 기복(고사), 회친우, 출행, 결혼, 이사, 구의요병, 동토, 상량, 장담그기, 교역, 재종, 안장】
16	목	10	천적일 월파일	● 제사불의(모든 일에 마땅하지 못함)
17	금	11		【기복(고사), 출행, 머리자르기, 구의요병, 재의, 축제방, 동토, 상량, 창고수리, 담수리, 파옥】
18	토	12		제사, 기복(고사), 회친우, 결혼, 이사, 구의요병, 동토, 상량(오시), 장담그기, 교역, 재종, 납축 【출행, 파토, 안장】
19	㊐	13		제사 【출행, 구의요병, 창고수리, 경락, 창고개방, 출화재, 담수리, 전렵, 고기잡기, 승선도수, 재종】
20	월	14	복단 수사 월기일	제사, 기복(고사), 회친우, 출행, 이사, 상량(사시), 납축 【구의요병, 동토, 장담그기, 입권, 교역, 재종, 벌목, 안장】
21	화	15		제사, 장담그기, 재종, 안장 【기복(고사), 회친우, 출행, 결혼, 이사, 구의요병, 동토, 상량, 입권, 교역】
22	수	16		제사 【기복(고사), 회친우, 출행, 결혼, 이사, 구의요병, 동토, 상량, 장담그기, 교역, 재종, 파토, 안장】
23	목	17	대공망	제사, 출행, 재종 【기복(고사), 회친우, 결혼, 구의요병, 장담그기, 개시, 입권, 교역, 납축, 파토, 안장】
추분				**태양도임(太陽到臨) 진(辰).** 을병정 삼기(乙丙丁 三奇) 감(坎) 이(離) 간(艮)
24	금	18	대공망	제사, 기복(고사), 회친우, 출행, 결혼, 이사, 구의요병, 동토, 상량(오시), 개시, 입권, 교역, 납재, 납축 【전렵, 재종】
25	토	19		제사 【기복(고사), 회친우, 출행, 결혼, 이사, 구의요병, 동토, 상량, 장담그기, 교역, 재종, 납축, 안장】
26	㊐	20		회친우, 결혼, 진인구, 재의, 동토, 상량(사시), 장담그기, 입권, 교역, 납재, 납축 【머리자르기, 구의요병, 재종】
27	월	21		목욕 【제사, 기복(고사), 회친우, 출행, 결혼, 이사, 구의요병, 동토, 상량, 장담그기, 교역, 재종, 안장】
28	화	22	천적일 월파일	● 제사불의(모든 일에 마땅하지 못함)
29	수	23	복단일 월기일	제사, 기복(고사), 회친우, 출행, 결혼, 진인구, 이사, 동토, 상량(사시), 장담그기, 입권, 교역, 납재, 재종, 납축, 안장
30	목	24		제사, 기복(고사), 회친우, 결혼, 이사, 구의요병, 동토, 상량(오시), 입권, 교역, 납재, 납축 【출행, 장담그기, 안장】

서기 2021년 단기 4354년 신축(辛丑)년 10월

경축·기념일	양력(일)	요일	음력 일자	간지	띠별	납음 오행	이십 팔수	십이직(十二直)	구성(九星)	이사 주당	혼인 주당	주요 신살(神殺) (괄호 안은 흉신)
국군의 날	1	금	8/25	壬午	말	木	우(牛)	수(收)	三碧	천(天)	부(婦)	천은,사상,부장(천강,대시,대패,천적)
노인의 날	2	토	26	癸未	양	木	여(女)	개(開)	二黑	이(利)	조(竈)	천은,모창,월은,사상,음덕(오허,구공)
개 천 절	3	㊐	27	甲申	원숭이	水	허(虛)	폐(閉)	一白	안(安)	제(第)	월공,왕일,천마,오부(유화,혈지,오리)
	4	월	28	乙酉	닭	水	위(危)	건(建)	九紫	재(災)	옹(翁)	월덕합,관일,육의(월건,소시,토부,월형)
	5	화	29	丙戌	개	土	실(室)	제(除)	八白	사(師)	당(堂)	모창,수일,길기,속세(월해,혈기,천뢰)
九月大	6	수	9/1	丁亥	돼지	土	벽(壁)	만(滿)	七赤	안(安)	부(夫)	상일,역마,천후,천무(오허,팔풍,대살)
	7	목	2	戊子	쥐	火	규(奎)	평(平)	六白	이(利)	고(姑)	시덕,양덕,민일(하괴,사신,천리,치사)
재향군인의 날	8	금	3	己丑	소	火	누(婁)	평(平)	五黃	천(天)	당(堂)	모창,복생(천강,사신,월살,월허,원무)
	● 한로(寒露) 10시 38분 음력 9월의 절기											
한 글 날	9	토	4	庚寅	범	木	위(胃)	정(定)	四綠	해(害)	옹(翁)	월은,양덕,임일(월염,지화,사기,구초)
	10	㊐	5	辛卯	토끼	木	묘(昴)	집(執)	三碧	살(殺)	제(第)	천덕합,월덕합,천원(대시,대패,함지)
	11	월	6	壬辰	용	水	필(畢)	파(破)	二黑	부(富)	조(竈)	월공,모창,사상(월파,대모,사격,왕망)
	12	화	7	癸巳	뱀	水	자(觜)	위(危)	一白	사(師)	부(婦)	사상,음덕,부장,명당(유화,천적,중일)
	13	수	8	甲午	말	金	삼(參)	성(成)	九紫	재(災)	주(廚)	삼합,천희,천의,천창,요안,명폐(천형)
중 양 절	14	목	9	乙未	양	金	정(井)	수(收)	八白	안(安)	부(夫)	모창,옥우(하괴,월형,오허,주작)
체육의 날	15	금	10	丙申	원숭이	火	귀(鬼)	개(開)	七赤	이(利)	고(姑)	천덕,왕일,역마,천후,금당(염대,초요)
문화의 날	16	토	11	丁酉	닭	火	유(柳)	폐(閉)	六白	천(天)	당(堂)	관일,제신,보광(월해,천리,치사,혈지)
	17	㊐	12	戊戌	개	木	성(星)	건(建)	五黃	해(害)	옹(翁)	모창,수일(월건,소시,토부,복일,백호)
	18	월	13	己亥	돼지	木	장(張)	제(除)	四綠	살(殺)	제(第)	상일,길기,경안(겁살,오허,토부,중일)
	19	화	14	庚子	쥐	土	익(翼)	만(滿)	三碧	부(富)	조(竈)	월은,시덕,민일(재살,천화,대살,귀기)
토 왕 용 사	20	수	15	辛丑	소	土	진(軫)	평(平)	二黑	사(師)	부(婦)	천덕합,모창,복생(천강,사신,월살,월허)
경찰의 날	21	목	16	壬寅	범	金	각(角)	정(定)	一白	재(災)	주(廚)	월공,사상,양덕,임일(월염,지화,사기)
	22	금	17	癸卯	토끼	金	항(亢)	집(執)	九紫	안(安)	부(夫)	사상,육합,부장,오합(대시,대패,소모)
	23	토	18	甲辰	용	火	저(氐)	파(破)	八白	이(利)	고(姑)	모창,익후,해신(월파,대모,사격,왕망)
	● 상강(霜降) 13시 51분 음력 9월의 중기											
국제연합일	24	㊐	19	乙巳	뱀	火	방(房)	위(危)	七赤	천(天)	당(堂)	음덕,속세,명당(유화,천적,혈기,중일)
	25	월	20	丙午	말	水	심(心)	성(成)	六白	해(害)	옹(翁)	천덕,월덕,삼합,천희,요안,천창(천형)
금융의 날	26	화	21	丁未	양	水	미(尾)	수(收)	五黃	살(殺)	제(第)	모창,옥우(하괴,월형,오허,팔전,주작)
	27	수	22	戊申	원숭이	土	기(箕)	개(開)	四綠	부(富)	조(竈)	천사,왕일,역마,금당(염대,초요,복일)
교정의 날	28	목	23	己酉	닭	土	두(斗)	폐(閉)	三碧	사(師)	부(婦)	천은,관일,보광(월해,천리,치사,오리)
지방자치의 날	29	금	24	庚戌	개	金	우(牛)	건(建)	二黑	재(災)	주(廚)	천은,모창,수일(월건,소시,토부,백호)
	30	토	25	辛亥	돼지	金	여(女)	제(除)	一白	안(安)	부(夫)	천덕합,월덕합,천은(겁살,오허,중일)
	31	㊐	26	壬子	쥐	木	허(虛)	만(滿)	九紫	이(利)	고(姑)	월공,천은,사상,민일,복덕(재살,천화)

음력 {8월 25일부터 9월 26일까지

신축년 9월 자백

五黃	一白	三碧
四綠	六白	八白
九紫	二黑	七赤

양력(일)	요일	음력일자	민속 신살	행사에 좋은 일 【 】안은 나쁜 일
1	금	8/25		제사 【기복(고사), 회친우, 출행, 결혼, 이사, 구의요병, 동토, 상량, 장담그기, 교역, 재종, 납축, 안장】
2	토	26	대공망 수사일	제사, 기복(고사), 회친우, 출행, 결혼, 이사, 상량(사시), 납축 【구의요병, 동토, 입권, 교역, 벌목, 재종, 파토】
3	㊐	27	대공망	제사, 장담그기, 파토, 안장 【기복(고사), 회친우, 출행, 결혼, 이사, 구의요병, 동토, 상량, 입권, 교역】
4	월	28	대공망	제사, 목욕, 대청소 【회친우, 구의요병, 축제방, 동토, 창고수리, 파옥, 벌목, 고기잡기, 재종, 파토】
5	화	29		제사, 출행, 목욕, 대청소, 재종 【기복(고사), 회친우, 결혼, 구의요병, 장담그기, 입권, 교역, 파토, 안장】
6	수	9/1	복단일	제사, 기복(고사), 회친우, 출행, 이사, 목욕, 재의, 입권, 교역, 납재 【결혼, 구의요병, 승선도수, 파토, 안장】
7	목	2		제사 【기복(고사), 회친우, 출행, 결혼, 이사, 구의요병, 동토, 상량, 장담그기, 교역, 재종, 납축, 안장】
8	금	3	천강일	● 제사불의(모든 일에 마땅하지 못함)
한로 戊戌月 월건				**태양도임(太陽到臨) 을(乙).** 을병정 삼기(乙丙丁 三奇) 감(坎) 이(離) 간(艮)
9	토	4	수사일	【제사, 기복(고사), 회친우, 출행, 결혼, 이사, 구의요병, 동토, 상량, 장담그기, 입권, 교역, 안장】
10	㊐	5	월기일	제사, 기복(고사), 회친우, 출행, 결혼, 진인구, 이사, 구의요병, 동토, 상량(오시), 개시, 입권, 교역, 재종, 납축, 안장
11	월	6	대공망 월파일	제사, 파옥 【기복(고사), 회친우, 출행, 결혼, 이사, 구의요병, 동토, 상량, 장담그기, 교역, 재종, 안장】
12	화	7	대공망	제사, 회친우, 결혼, 이사, 동토, 상량(오시), 전렵, 재종 【기복(고사), 출행, 구의요병, 창고수리, 파토, 안장】
13	수	8	대공망	회친우, 출행, 결혼, 진인구, 이사, 구의요병, 동토, 상량(오시), 장담그기, 입권, 교역, 납축, 파토, 안장 【창고개방】
14	목	9		전렵 【기복(고사), 회친우, 출행, 결혼, 이사, 구의요병, 재의, 동토, 상량, 장담그기, 교역, 납축, 안장】
15	금	10	복단일 천적일	제사, 기복(고사), 회친우, 출행, 결혼, 이사, 구의요병, 동토, 상량(사시), 개시, 대청소, 재종, 납축 【벌목, 전렵】
16	토	11		목욕 【기복(고사), 출행, 결혼, 이사, 구의요병, 동토, 상량, 장담그기, 교역, 재종, 납축, 파토, 안장】
17	㊐	12		● 제사불의(모든 일에 마땅하지 못함)
18	월	13		목욕, 대청소 【기복(고사), 회친우, 결혼, 진인구, 이사, 구의요병, 동토, 상량, 창고수리, 재종, 안장】
19	화	14	월기일	제사 【기복(고사), 회친우, 출행, 결혼, 진인구, 이사, 구의요병, 동토, 상량, 장담그기, 입권, 교역, 안장】
20	수	15	천강일	제사 【기복(고사), 회친우, 출행, 결혼, 진인구, 이사, 구의요병, 동토, 상량, 장담그기, 교역, 안장】
21	목	16	대공망 수사일	【제사, 기복(고사), 회친우, 출행, 결혼, 이사, 구의요병, 동토, 상량, 장담그기, 교역, 재종, 안장】
22	금	17	대공망	제사, 기복(고사), 회친우, 출행, 결혼, 이사, 구의요병, 동토, 상량(오시), 장담그기, 재종, 납축, 안장 【개시, 교역】
23	토	18	월파일	제사, 파옥 【기복(고사), 회친우, 출행, 결혼, 이사, 구의요병, 동토, 상량, 장담그기, 교역, 재종, 안장】
상강				**태양도임(太陽到臨) 묘(卯).** 을병정 삼기(乙丙丁 三奇) 감(坎) 이(離) 간(艮)
24	㊐	19	복단일	제사, 전렵 【기복(고사), 출행, 구의요병, 침맞기, 창고수리, 창고개방, 출화재, 재종, 파토, 안장】
25	월	20		제사, 기복(고사), 회친우, 출행, 결혼, 이사, 구의요병, 동토, 상량(오시), 장담그기, 교역, 납축, 안장 【고기잡기】
26	화	21		전렵 【기복(고사), 회친우, 출행, 결혼, 진인구, 이사, 구의요병, 동토, 상량, 장담그기, 교역, 안장】
27	수	22	천적일	제사, 기복(고사), 회친우, 출행, 결혼, 이사, 구의요병, 재의, 동토, 상량(사시), 재종, 납축 【벌목, 고기잡기】
28	목	23	월기일	목욕 【기복(고사), 회친우, 출행, 결혼, 이사, 구의요병, 동토, 상량, 장담그기, 교역, 재종, 납축, 안장】
29	금	24		제사, 회친우, 출행, 이사, 재의, 납재, 납축 【기복(고사), 결혼, 구의요병, 동토, 상량, 파옥, 벌목, 재종, 안장】
30	토	25		제사, 기복(고사), 회친우, 출행, 이사, 재의, 상량(오시), 납축 【결혼, 구의요병, 동토, 장담그기, 교역, 안장】
31	㊐	26	대공망 복단일	제사 【기복(고사), 회친우, 출행, 결혼, 이사, 구의요병, 동토, 상량, 장담그기, 교역, 재종, 납축, 안장】

서기 2021년
단기 4354년

신축(辛丑)년 11월

경축·기념일	양력(일)	요일	음력일자	간지	띠별	납음오행	이십팔수	십이직(十二直)	구성(九星)	이사주당	혼인주당	주요 신살(神殺) (괄호 안은 흉신)
	1	월	9/27	癸丑	소	木	위(危)	평(平)	八白	천(天)	당(堂)	천은,모창,사상(천강,사신,월살,월허)
	2	화	28	甲寅	범	水	실(室)	정(定)	七赤	해(害)	옹(翁)	양덕,삼합,임일(월염,지화,사기,사폐)
학생독립운동기념일	3	수	29	乙卯	토끼	水	벽(壁)	집(執)	六白	살(殺)	제(第)	육합,성심,오합(대시,대패,함지,소모)
	4	목	30	丙辰	용	土	규(奎)	파(破)	五黃	부(富)	조(竈)	천덕,월덕,모창,익후(월파,대모,사격)
十月小	5	금	10/1	丁巳	뱀	土	누(婁)	위(危)	四綠	천(天)	부(婦)	음덕,속세,명당(유화,천적,혈기,중일)
	6	토	2	戊午	말	火	위(胃)	성(成)	三碧	이(利)	조(竈)	삼합,천희,천의,천창(사모,복일,천형)
	7	㊐	3	己未	양	火	묘(昴)	성(成)	二黑	안(安)	제(第)	월덕합,삼합,임일,복생(염대,초요,왕망)

• 입동(立冬) 13시 59분 음력 10월의 절기

경축·기념일	양력(일)	요일	음력일자	간지	띠별	납음오행	이십팔수	십이직(十二直)	구성(九星)	이사주당	혼인주당	주요 신살(神殺) (괄호 안은 흉신)
	8	월	4	庚申	원숭이	木	필(畢)	수(收)	一白	재(災)	옹(翁)	천덕합,월공,모창,제신(천강,겁살,월해)
소방의 날	9	화	5	辛酉	닭	木	자(觜)	개(開)	九紫	사(師)	당(堂)	모창,시양,생기,성심(재살,천화,사모)
	10	수	6	壬戌	개	水	삼(參)	폐(閉)	八白	부(富)	고(姑)	익후,금궤(월살,월허,혈지,오허,복일)
농업인의 날	11	목	7	癸亥	돼지	水	정(井)	건(建)	七赤	살(殺)	부(夫)	왕일,보광(월건,소시,토부,월형,중일)
음 둔 하 원	12	금	8	甲子	쥐	金	귀(鬼)	제(除)	六白	해(害)	주(廚)	월덕,천은,천사,사상(대시,대패,함지)
	13	토	9	乙丑	소	金	유(柳)	만(滿)	五黃	천(天)	부(婦)	천덕,천은,수일,복덕(월염,지화,대살)
	14	㊐	10	丙寅	범	火	성(星)	평(平)	四綠	이(利)	조(竈)	천은,시덕,상일,금당(하괴,사신,오허)
	15	월	11	丁卯	토끼	火	장(張)	정(定)	三碧	안(安)	제(第)	천은,음덕,민일,삼합,시음(사기,원무)
	16	화	12	戊辰	용	木	익(翼)	집(執)	二黑	재(災)	옹(翁)	천은,양덕,해신,사명(소모,천적,토부)
순국선열의 날	17	수	13	己巳	뱀	木	진(軫)	파(破)	一白	사(師)	당(堂)	월덕합,역마,천후,경안(월파,대모,중일)
	18	목	14	庚午	말	土	각(角)	위(危)	九紫	부(富)	고(姑)	월덕합,월공,보호,청룡(천리,치사,오허)
	19	금	15	辛未	양	土	항(亢)	성(成)	八白	살(殺)	부(夫)	삼합,임일,천희,복생(염대,초요,왕망)
	20	토	16	壬申	원숭이	金	저(氐)	수(收)	七赤	해(害)	주(廚)	모창,제신,명폐(천강,겁살,월해,복일)
	21	㊐	17	癸酉	닭	金	방(房)	개(開)	六白	천(天)	부(婦)	모창,시양,생기,성심(재살,천화,오리)
	22	월	18	甲戌	개	火	심(心)	폐(閉)	五黃	이(利)	조(竈)	월덕,사상,익후(월살,월허,혈지,오허)

• 소설(小雪) 11시 33분 음력 10월의 중기

경축·기념일	양력(일)	요일	음력일자	간지	띠별	납음오행	이십팔수	십이직(十二直)	구성(九星)	이사주당	혼인주당	주요 신살(神殺) (괄호 안은 흉신)
	23	화	19	乙亥	돼지	火	미(尾)	건(建)	四綠	안(安)	제(第)	천덕,월은,사상(월건,소시,월형,중일)
	24	수	20	丙子	쥐	水	기(箕)	제(除)	三碧	재(災)	옹(翁)	관일,천마,길기,요안(대시,대패,함지)
	25	목	21	丁丑	소	水	두(斗)	만(滿)	二黑	사(師)	당(堂)	수일,천무,복덕(월염,지화,대살,귀기)
	26	금	22	戊寅	범	土	우(牛)	평(平)	一白	부(富)	고(姑)	시덕,상일,육합,오합(하괴,사신,오허)
	27	토	23	己卯	토끼	土	여(女)	정(定)	九紫	살(殺)	부(夫)	월덕합,천은,음덕,민일,시음(사기,원무)
	28	㊐	24	庚辰	용	金	허(虛)	집(執)	八白	해(害)	주(廚)	천덕합,월공,천은,부장(소모,천적,토부)
	29	월	25	辛巳	뱀	金	위(危)	파(破)	七赤	천(天)	부(婦)	천은,역마,천후,부장(월파,대모,중일)
	30	화	26	壬午	말	木	실(室)	위(危)	六白	이(利)	조(竈)	천은,부장,보호,청룡(천리,치사,복일)

음력 { 9월 27일부터 / 10월 26일까지

신축년 10월 자백

四綠	九紫	二黑
三碧	五黃	七赤
八白	一白	六白

양력(일)	요일	음력일자	민속 신살	행사에 좋은 일 【 】안은 나쁜 일
1	월	9/27	천강일	• 제사불의(모든 일에 마땅하지 못함)
2	화	28	복단일 수사일	【제사, 기복(고사), 회친우, 출행, 결혼, 이사, 구의요병, 동토, 상량, 장담그기, 교역, 재종, 납축, 안장】
3	수	29		제사 【기복(고사), 회친우, 출행, 결혼, 이사, 구의요병, 동토, 상량, 장담그기, 교역, 납축, 파토, 안장】
4	목	30	월파일	제사 【기복(고사), 회친우, 출행, 결혼, 이사, 구의요병, 동토, 상량, 장담그기, 교역, 납축, 파토, 안장】
5	금	10/1		제사, 전렵 【기복(고사), 출행, 머리자르기, 구의요병, 침맞기, 창고수리, 창고개방, 출화재, 파토, 안장】
6	토	2		회친우, 입학, 출행, 결혼, 이사, 구의요병, 재의, 축제방, 동토, 상량(오시), 장담그기, 입권, 교역, 납축 【파토, 안장】
7	㊐	3		제사, 기복(고사), 회친우, 동토, 상량(사시), 장담그기, 개시, 교역, 재종, 납축, 안장 【출행, 결혼, 이사, 구의요병】
입동				己亥月 월건 **태양도임(太陽到臨) 갑(甲).** 을병정 삼기(乙丙丁 三奇) 이(離) 간(艮) 태(兌)
8	월	4	천강일 수사일	제사, 기복(고사), 회친우, 출행, 이사, 동토, 상량(사시), 벌목, 재종, 납축, 안장 【결혼, 구의요병, 고기잡기】
9	화	5	복단일 월기일	제사, 입학, 목욕, 대청소 【회친우, 결혼, 진인구, 구의요병, 장담그기, 개시, 입권, 교역, 납재, 벌목】
10	수	6		• 제사불의(모든 일에 마땅하지 못함)
11	목	7		제사 【기복(고사), 회친우, 출행, 결혼, 이사, 구의요병, 동토, 상량, 장담그기, 교역, 재종, 납축, 안장】
12	금	8		제사, 기복(고사), 회친우, 출행, 결혼, 이사, 목욕, 구의요병, 재의, 동토, 상량(오시), 창고수리, 대청소, 재종, 납축, 안장
13	토	9	대공망 천적일	제사 【관대, 출행, 결혼, 이사, 구의요병, 벌목, 전렵, 고기잡기, 재종】
14	㊐	10		회친우, 출행, 결혼, 이사, 동토, 상량(사시), 장담그기, 입권, 교역, 재종, 납축, 안장 【제사, 기복(고사), 구의요병】
15	월	11		회친우, 출행, 결혼, 진인구, 이사, 재의, 동토, 상량(오시), 장담그기, 개시, 입권, 교역, 납축, 파토 【구의요병, 재종】
16	화	12		회친우, 목욕, 구의요병, 전렵 【출행, 축제방, 동토, 개시, 입권, 교역, 납재, 창고개방, 파옥, 재종, 파토】
17	수	13	월파일	제사, 구의요병 【기복(고사), 회친우, 출행, 결혼, 이사, 동토, 상량, 장담그기, 교역, 재종, 납축, 안장】
18	목	14	복단일 월기일	제사, 기복(고사), 회친우, 출행, 결혼, 이사, 재의, 동토, 상량(오시), 벌목, 재종, 납축, 안장 【구의요병, 전렵】
19	금	15		제사, 기복(고사), 회친우, 결혼, 재의, 동토, 상량(사시), 교역, 납축 【출행, 진인구, 이사, 구의요병, 장담그기】
20	토	16	천강일 수사일	목욕, 벌목 【기복(고사), 회친우, 출행, 결혼, 이사, 구의요병, 동토, 상량, 장담그기, 교역, 재종, 안장】
21	㊐	17		제사, 입학, 목욕, 대청소 【회친우, 관대, 결혼, 진인구, 구의요병, 장담그기, 입권, 교역, 벌목, 전렵】
22	월	18	대공망	제사 【기복(고사), 회친우, 출행, 결혼, 진인구, 이사, 구의요병, 동토, 상량, 장담그기, 교역, 안장】
소설				**태양도임(太陽到臨) 자(子).** 을병정 삼기(乙丙丁 三奇) 이(離) 간(艮) 태(兌)
23	화	19	대공망	제사, 목욕 【구의요병, 침맞기, 축제방, 동토, 창고수리, 파옥, 벌목, 전렵, 고기잡기, 승선도수, 재종】
24	수	20		출행, 이사, 목욕, 머리자르기, 구의요병, 대청소, 파토 【고기잡기, 승선도수】
25	목	21	복단일 천적일	제사 【기복(고사), 회친우, 출행, 결혼, 이사, 구의요병, 재의, 동토, 상량, 장담그기, 교역, 안장】
26	금	22		회친우, 출행, 결혼, 진인구, 이사, 재의, 상량(사시), 장담그기, 교역, 안장 【제사, 기복(고사), 구의요병, 동토】
27	토	23	복단일 월기일	제사, 기복(고사), 회친우, 출행, 결혼, 이사, 동토, 상량(오시), 장담그기, 입권, 교역, 납축, 안장 【구의요병, 전렵】
28	㊐	24		제사, 기복(고사), 회친우, 결혼, 이사, 구의요병, 재의, 상량(사시), 납축, 안장 【출행, 동토, 파옥, 재종, 파토】
29	월	25	월파일	구의요병, 파옥 【기복(고사), 회친우, 출행, 결혼, 진인구, 이사, 동토, 상량, 장담그기, 교역, 파토, 안장】
30	화	26		제사, 회친우, 벌목 【기복(고사), 출행, 결혼, 이사, 구의요병, 동토, 상량, 교역, 재종, 납축, 파토, 안장】

서기 2021년
단기 4354년

신축(辛丑)년 12월

경축·기념일	양력(일)	요일	음력일자	간지	띠별	납음오행	이십팔수	십이직(十二直)	구성(九星)	이사주당	혼인주당	주요 신살(神殺)(괄호 안은 흉신)
	1	수	10/27	癸未	양	木	벽(壁)	성(成)	五黃	안(安)	제(第)	천은,삼합,임일,복생(염대,초요,왕망)
	2	목	28	甲申	원숭이	水	규(奎)	수(收)	四綠	재(災)	옹(翁)	월덕,모창,사상,제신(천강,겁살,월해)
소비자의 날	3	금	29	乙酉	닭	水	누(婁)	개(開)	三碧	사(師)	당(堂)	천덕,모창,월은,사상(재살,천화,오리)
十一月大	4	토	11/1	丙戌	개	土	위(胃)	폐(閉)	二黑	안(安)	부(夫)	익후,금궤(월살,월허,혈지,오허)
무역의 날	5	㊐	2	丁亥	돼지	土	묘(昴)	건(建)	一白	이(利)	고(姑)	왕일,속세(월건,소시,토부,월형,구감)
	6	월	3	戊子	쥐	火	필(畢)	제(除)	九紫	천(天)	당(堂)	관일,천마,길기(대시,대패,함지,백호)
	7	화	4	己丑	소	火	자(觜)	제(除)	八白	해(害)	옹(翁)	음덕,수일,길기,육합,부장,보호,보광
	• 대설(大雪) 6시 57분 음력 11월의 절기											
	8	수	5	庚寅	범	木	삼(參)	만(滿)	七赤	살(殺)	제(第)	시덕,상일,역마,복덕,오합(오허,귀기)
	9	목	6	辛卯	토끼	木	정(井)	평(平)	六白	부(富)	조(竈)	민일,부장,오합(천강,사신,월형,천적)
세계인권선언일	10	금	7	壬辰	용	水	귀(鬼)	정(定)	五黃	사(師)	부(婦)	월덕,삼합,임일,시음,천창(사기,오묘)
	11	토	8	癸巳	뱀	水	유(柳)	집(執)	四綠	재(災)	주(廚)	오부,익후(겁살,소모,복일,중일,원무)
	12	㊐	9	甲午	말	金	성(星)	파(破)	三碧	안(安)	부(夫)	월은,사상,양덕(월파,대모,재살,천화)
	13	월	10	乙未	양	金	장(張)	위(危)	二黑	이(利)	고(姑)	사상,요안(월살,월허,월해,사격,구진)
	14	화	11	丙申	원숭이	火	익(翼)	성(成)	一白	천(天)	당(堂)	월공,모창,옥우,제신(구감,토부,대살)
	15	수	12	丁酉	닭	火	진(軫)	수(收)	九紫	해(害)	옹(翁)	월덕합,모창,금당,제신(하괴,대패,함지)
	16	목	13	戊戌	개	木	각(角)	개(開)	八白	살(殺)	제(第)	시양,생기(오허,구공,왕망,천형)
	17	금	14	己亥	돼지	木	항(亢)	폐(閉)	七赤	부(富)	조(竈)	왕일(유화,혈지,중일,주작)
	18	토	15	庚子	쥐	土	저(氐)	건(建)	六白	사(師)	부(婦)	관일,경안,금궤(월건,소시,토부,월염)
	19	㊐	16	辛丑	소	土	방(房)	제(除)	五黃	재(災)	주(廚)	음덕,수일,길기,육합,부장,보호,보광
	20	월	17	壬寅	범	金	심(心)	만(滿)	四綠	안(安)	부(夫)	월덕,시덕,상일,역마,복덕(오허,귀기)
	21	화	18	癸卯	토끼	金	미(尾)	평(平)	三碧	이(利)	고(姑)	민일,오합,옥당(천강,사신,천적,복일)
	22	수	19	甲辰	용	火	기(箕)	정(定)	二黑	천(天)	당(堂)	월은,사상,삼합,임일,천창(사기,천뢰)
	• 동지(冬至) 0시 59분 음력 11월의 중기											
	23	목	20	乙巳	뱀	火	두(斗)	집(執)	一白	해(害)	옹(翁)	사상,오부,익후(겁살,소모,중일,원무)
	24	금	21	丙午	말	水	우(牛)	파(破)	九紫	살(殺)	제(第)	월공,양덕(월파,대모,재살,천화,염대)
성탄절	25	토	22	丁未	양	水	여(女)	위(危)	八白	부(富)	조(竈)	월덕합,요안(월살,월허,월해,사격)
	26	㊐	23	戊申	원숭이	土	허(虛)	성(成)	七赤	사(師)	부(婦)	모창,삼합,천의,옥우(구감,토부,대살)
	27	월	24	己酉	닭	土	위(危)	수(收)	六白	재(災)	주(廚)	천은,모창,명당(하괴,대시,대패,함지)
	28	화	25	庚戌	개	金	실(室)	개(開)	五黃	안(安)	부(夫)	천은,시양,생기(오허,구공,왕망,천형)
	29	수	26	辛亥	돼지	金	벽(壁)	폐(閉)	四綠	이(利)	고(姑)	천은,왕일(유화,혈지,중일,주작)
	30	목	27	壬子	쥐	木	규(奎)	건(建)	三碧	천(天)	당(堂)	월덕,천은,관일(월건,소시,토부,월염)
	31	금	28	癸丑	소	木	누(婁)	제(除)	二黑	해(害)	옹(翁)	천은,천원,음덕,수일,길기(복일,팔전)

음력 {10월 27일부터 / 11월 28일까지

신축년 11월 자백

三碧	八白	一白
二黑	四綠	六白
七赤	九紫	五黃

양력(일)	요일	음력일자	민속 신살	행사에 좋은 일 【 】안은 나쁜 일
1	수	10/27	대공망	제사, 기복(고사), 회친우, 결혼, 동토, 상량(사시), 장담그기, 교역 【출행, 진인구, 이사, 구의요병, 승선도수】
2	목	28	대공망 천강 수사	제사, 기복(고사), 회친우, 출행, 결혼, 이사, 동토, 상량(사시), 벌목, 재종, 납축, 파토, 안장 【구의요병, 고기잡기】
3	금	29	대공망	제사, 기복(고사), 출행, 결혼, 이사, 목욕, 재의, 동토, 상량(오시), 대청소, 납축 【회친우, 구의요병, 벌목, 재종】
4	토	11/1	복단일	● 제사불의(모든 일에 마땅하지 못함)
5	㊐	2		제사 【기복(고사), 회친우, 출행, 결혼, 이사, 구의요병, 동토, 상량, 장담그기, 교역, 납축, 파토, 안장】
6	월	3		목욕 【기복(고사), 출행, 결혼, 이사, 구의요병, 동토, 상량, 입권, 교역, 납재, 승선도수, 재종, 납축】
7	화	4		제사, 기복(고사), 회친우, 출행, 결혼, 진인구, 목욕, 구의요병, 장담그기, 입권, 교역, 납재, 대청소, 납축, 안장 【관대】
대설		庚子月 월건		**태양도임(太陽到臨) 간(艮).** 을병정 삼기(乙丙丁 三奇) 이(離) 간(艮) 태(兌)
8	수	5	월기일	회친우, 출행, 동토, 상량(사시), 교역, 재종, 파토 【제사, 결혼, 이사, 구의요병, 창고수리, 창고개방, 출화재】
9	목	6	수사일	● 제사불의(모든 일에 마땅하지 못함)
10	금	7	대공망	제사, 기복(고사), 회친우, 출행, 결혼, 이사, 동토, 상량(사시), 장담그기, 교역, 재종, 납축, 안장 【구의요병, 전렵】
11	토	8	대공망	제사 【기복(고사), 회친우, 출행, 결혼, 이사, 구의요병, 동토, 상량, 장담그기, 교역, 재종, 납축, 안장】
12	㊐	9	대공망 천적 월파	● 제사불의(모든 일에 마땅하지 못함)
13	월	10	복단일	제사, 벌목 【기복(고사), 회친우, 출행, 결혼, 이사, 구의요병, 동토, 상량, 장담그기, 교역, 재종, 안장】
14	화	11		회친우, 입학, 출행, 결혼, 이사, 구의요병, 상량(사시), 장담그기, 교역, 납축, 안장 【동토, 파옥, 승선도수, 재종】
15	수	12		제사, 목욕, 대청소, 가축잡기 【회친우, 머리자르기, 구의요병, 전렵, 고기잡기】
16	목	13		제사, 기복(고사), 회친우, 재의, 동토, 상량(사시), 재종 【출행, 진인구, 이사, 구의요병, 개시, 입권, 교역, 벌목】
17	금	14	월기일	목욕, 재의, 축제방 【기복(고사), 회친우, 출행, 결혼, 진인구, 이사, 구의요병, 동토, 상량, 개시, 파토, 안장】
18	토	15		● 제사불의(모든 일에 마땅하지 못함)
19	㊐	16		제사, 기복(고사), 회친우, 출행, 결혼, 진인구, 목욕, 구의요병, 경락, 입권, 교역, 납재, 대청소, 납축, 안장 【장담그기】
20	월	17	대공망	회친우, 출행, 결혼, 구의요병, 재의, 동토, 상량(사시), 개시, 입권, 교역, 납재, 재종, 납축, 파토, 안장 【제사, 이사】
21	화	18	대공망 수사일	● 제사불의(모든 일에 마땅하지 못함)
22	수	19	복단일	제사, 기복(고사), 회친우, 출행, 결혼, 이사, 동토, 상량(사시), 장담그기, 교역, 납축 【구의요병, 창고개방, 재종】
동지				**태양도임(太陽到臨) 축(丑).** 을병정 삼기(乙丙丁 三奇) 태(兌) 간(艮) 이(離)
23	목	20		제사 【기복(고사), 회친우, 출행, 결혼, 이사, 구의요병, 동토, 상량, 장담그기, 교역, 재종, 납축, 안장】
24	금	21	월파일 천적일	● 제사불의(모든 일에 마땅하지 못함)
25	토	22		제사, 벌목 【결혼, 머리자르기, 구의요병, 전렵, 고기잡기】
26	㊐	23	월기일	회친우, 출행, 결혼, 이사, 구의요병, 재의, 상량(사시), 장담그기, 교역, 벌목, 납축 【동토, 파옥, 승선도수, 재종】
27	월	24		목욕 【기복(고사), 회친우, 출행, 결혼, 이사, 구의요병, 동토, 상량, 장담그기, 교역, 재종, 파토, 안장】
28	화	25		제사, 기복(고사), 회친우, 입학, 재의, 동토, 상량(사시), 재종 【출행, 이사, 구의요병, 개시, 교역, 벌목, 고기잡기】
29	수	26	복단일	목욕 【기복(고사), 회친우, 출행, 결혼, 진인구, 이사, 구의요병, 동토, 상량, 장담그기, 개시, 파토, 안장】
30	목	27	대공망	● 제사불의(모든 일에 마땅하지 못함)
31	금	28		제사, 기복(고사), 회친우, 출행, 결혼, 이사, 목욕, 구의요병, 동토, 상량(사시), 장담그기, 교역, 납축 【고기잡기, 승선도수】

서기 2022년
단기 4355년

임인(壬寅)년 1월

경축·기념일	양력(일)	요일	음력 일자	간지	띠별	납음 오행	이십 팔수	십이직(十二直)	구성(九星)	이사 주당	혼인 주당	주요 신살(神殺) (괄호 안은 흉신)
신 정	1	토	11/29	甲寅	범	水	위(胃)	만(滿)	一白	살(殺)	제(第)	월은,사상,시덕,상일(오허,팔풍,귀기)
	2	㊐	30	乙卯	토끼	水	묘(昴)	평(平)	九紫	부(富)	조(竈)	사상,민일,오합(천강,사신,월형,천리)
十二月小	3	월	12/1	丙辰	용	土	필(畢)	정(定)	八白	천(天)	부(婦)	월공,삼합,임일,시음,천창(사기,천뢰)
	4	화	2	丁巳	뱀	土	자(觜)	집(執)	七赤	이(利)	조(竈)	월덕합,오부,부장,익후(겁살,소모,사폐)
	5	수	3	戊午	말	火	삼(參)	집(執)	六白	안(安)	제(第)	경안,해신(월해,대시,대패,함지,소모)
• 소한(小寒) 18시 14분 음력 12월의 절기												
	6	목	4	己未	양	火	정(井)	파(破)	五黃	재(災)	옹(翁)	보호(월파,대모,사격,구공,복일,원무)
	7	금	5	庚申	원숭이	木	귀(鬼)	위(危)	四綠	사(師)	당(堂)	천덕,월덕,모창,양덕,복생(유화,오리)
	8	토	6	辛酉	닭	木	유(柳)	성(成)	三碧	부(富)	고(姑)	모창,월은,삼합,임일,천희(사모,대살)
	9	㊐	7	壬戌	개	水	성(星)	수(收)	二黑	살(殺)	부(夫)	성심,청룡(천강,월형,오허)
	10	월	8	癸亥	돼지	水	장(張)	개(開)	一白	해(害)	주(廚)	음덕,왕일,역마,익후(월염,지화,중일)
양둔상원	11	화	9	甲子	쥐	金	익(翼)	폐(閉)	一白	천(天)	부(婦)	월공,천은,천사,관일(천리,치사,토부)
	12	수	10	乙丑	소	金	진(軫)	건(建)	二黑	이(利)	조(竈)	천덕합,월덕합,수일(월건,소시,왕망)
	13	목	11	丙寅	범	火	각(角)	제(除)	三碧	안(安)	제(第)	천은,월덕,상일,오합(겁살,천적,오허)
	14	금	12	丁卯	토끼	火	항(亢)	만(滿)	四綠	재(災)	옹(翁)	천은,민일,천무,복덕,천창(재살,천화)
	15	토	13	戊辰	용	木	저(氐)	평(平)	五黃	사(師)	당(堂)	천은,천마(하괴,사신,월살,월허,오묘)
	16	㊐	14	己巳	뱀	木	방(房)	정(定)	六白	부(富)	고(姑)	삼합,시음,옥당(염대,초요,사기,복일)
토 왕 용 사	17	월	15	庚午	말	土	심(心)	집(執)	七赤	살(殺)	부(夫)	천덕,월덕,경안(월해,대시,대패,함지)
납 향	18	화	16	辛未	양	土	미(尾)	파(破)	八白	해(害)	주(廚)	월은,보호(월파,대모,사격,구공,원무)
	19	수	17	壬申	원숭이	金	기(箕)	위(危)	九紫	천(天)	부(婦)	모창,양덕,오부,복생,제신(유화,오리)
	20	목	18	癸酉	닭	金	두(斗)	성(成)	一白	이(利)	조(竈)	모창,삼합,임일,천희,제신(대살,오리)
• 대한(大寒) 11시 39분 음력 12월의 중기												
	21	금	19	甲戌	개	火	우(牛)	수(收)	二黑	안(安)	제(第)	월공,사상,성심,청룡(천강,월형,오허)
	22	토	20	乙亥	돼지	火	여(女)	개(開)	三碧	재(災)	옹(翁)	천덕합,월덕합,사상,역마(월염,중일)
	23	㊐	21	丙子	쥐	水	허(虛)	폐(閉)	四綠	사(師)	당(堂)	관일,육합,부장(천리,치사,토부,천형)
	24	월	22	丁丑	소	水	위(危)	건(建)	五黃	부(富)	고(姑)	수일,부장,요안(월건,소시,토부,왕망)
	25	화	23	戊寅	범	土	실(室)	제(除)	六白	살(殺)	부(夫)	시덕,상일,길기,옥당(겁살,천적,오허)
	26	수	24	己卯	토끼	土	벽(壁)	만(滿)	七赤	해(害)	주(廚)	천은,민일,천무,복덕(재살,천화,복일)
	27	목	25	庚辰	용	金	규(奎)	평(平)	八白	천(天)	부(婦)	천덕,월덕,천은,천마(하괴,사신,월살)
	28	금	26	辛巳	뱀	金	누(婁)	정(定)	九紫	이(利)	조(竈)	천은,월은,삼합,시음(염대,초요,사기)
	29	토	27	壬午	말	木	위(胃)	집(執)	一白	안(安)	제(第)	천은,경안,해신(월해,대시,대패,함지)
	30	㊐	28	癸未	양	木	묘(昴)	파(破)	二黑	재(災)	옹(翁)	천은,보호(월파,대모,사격,구공,원무)
	31	월	29	甲申	원숭이	水	필(畢)	위(危)	三碧	사(師)	당(堂)	월공,모창,사상,양덕,오부(유화,오리)

음력 {11월 29일부터 / 12월 29일까지

신축년 12월 자백

二黑	七赤	九紫
一白	三碧	五黃
六白	八白	四綠

양력(일)	요일	음력일자	민속 신살	행사에 좋은 일 【 】안은 나쁜 일
1	토	11/29		회친우, 출행, 진인구, 구의요병, 재의, 동토, 상량(사시), 교역, 재종, 파토 【제사, 결혼, 이사, 고기잡기, 승선도수】
2	㊐	30	천강일 수사일	• 제사불의(모든 일에 마땅하지 못함)
3	월	12/1		제사, 기복(고사), 회친우, 결혼, 진인구, 재의, 동토, 상량(사시), 장담그기, 입권, 교역, 납재, 납축 【구의요병, 재종】
4	화	2		제사 【기복(고사), 회친우, 출행, 결혼, 이사, 구의요병, 동토, 상량, 장담그기, 교역, 재종, 납축, 안장】
5	수	3		목욕, 벌목 【기복(고사), 회친우, 출행, 결혼, 이사, 구의요병, 동토, 상량, 장담그기, 교역, 재종, 납축, 안장】
소한				辛丑月 월건 태양도임(太陽到臨) 계(癸). 을병정 삼기(乙丙丁 三奇) 태(兌) 간(艮) 이(離)
6	목	4	월파일	제사 【기복(고사), 회친우, 출행, 결혼, 이사, 구의요병, 동토, 상량, 장담그기, 교역, 재종, 납축, 안장】
7	금	5	복단일	제사, 회친우, 출행, 이사, 동토, 상량(사시), 장담그기, 교역, 재종, 안장 【기복(고사), 결혼, 구의요병, 고기잡기】
8	토	6	수사일	제사, 기복(고사), 출행, 결혼, 이사, 구의요병, 동토, 상량(오시), 입권, 교역, 재종, 납축, 안장 【회친우, 장담그기】
9	㊐	7		제사 【기복(고사), 회친우, 출행, 결혼, 진인구, 이사, 구의요병, 동토, 상량, 장담그기, 교역, 파토, 안장】
10	월	8	천적일	• 제사불의(모든 일에 마땅하지 못함)
11	화	9		제사, 목욕, 재의, 경락, 장담그기, 안장
12	수	10	대공망	제사, 기복(고사), 회친우, 결혼, 재의, 상량(사시), 납축, 안장 【출행, 이사, 구의요병, 동토, 파옥, 벌목, 재종, 파토】
13	목	11		목욕, 대청소 【제사, 출행, 구의요병, 창고수리, 창고개방, 출화재】
14	금	12		제사 【기복(고사), 회친우, 출행, 결혼, 이사, 구의요병, 동토, 상량, 장담그기, 교역, 재종, 납축, 안장】
15	토	13		• 제사불의(모든 일에 마땅하지 못함)
16	㊐	14	복단일	회친우, 결혼, 동토, 상량(오시), 장담그기, 교역, 납축 【출행, 구의요병, 고기잡기, 승선도수, 재종, 파토, 안장】
17	월	15		제사, 기복(고사), 회친우, 출행, 결혼, 이사, 동토, 상량(오시), 벌목, 재종, 납축, 파토, 안장 【구의요병, 고기잡기】
18	화	16	월파일	제사, 파옥 【기복(고사), 회친우, 출행, 결혼, 이사, 구의요병, 동토, 상량, 장담그기, 교역, 재종, 납축, 안장】
19	수	17		제사, 목욕, 장담그기, 창고개방, 대청소, 벌목, 재종, 납축, 안장 【기복(고사), 회친우, 결혼, 구의요병, 입권, 교역】
20	목	18	수사일	출행, 결혼, 이사, 구의요병, 상량(오시), 장담그기, 입권, 교역, 납재, 납축, 안장 【회친우, 동토, 파옥, 재종, 파토】
대한				태양도임(太陽到臨) 자(子). 을병정 삼기(乙丙丁 三奇) 태(兌) 간(艮) 이(離)
21	금	19	대공망	제사 【기복(고사), 회친우, 출행, 결혼, 이사, 구의요병, 동토, 상량, 장담그기, 교역, 재종, 납축, 안장】
22	토	20	대공망 천적일	제사, 기복(고사), 회친우, 입학, 목욕, 재의, 동토, 상량(오시), 개시, 납축 【출행, 결혼, 이사, 구의요병, 벌목, 재종】
23	㊐	21	복단일	제사, 장담그기, 안장 【기복(고사), 회친우, 출행, 결혼, 이사, 구의요병, 동토, 상량, 교역, 재종, 납축, 파토】
24	월	22		【기복(고사), 출행, 결혼, 진인구, 이사, 구의요병, 동토, 상량, 파옥, 벌목, 고기잡기, 재종, 파토, 안장】
25	화	23	복단일	목욕, 대청소 【제사, 출행, 구의요병, 창고수리, 창고개방, 출화재, 파토, 안장】
26	수	24		제사 【기복(고사), 회친우, 출행, 결혼, 이사, 구의요병, 동토, 상량, 장담그기, 교역, 재종, 납축, 안장】
27	목	25		제사 【기복(고사), 회친우, 출행, 결혼, 이사, 구의요병, 동토, 상량, 장담그기, 교역, 재종, 납축, 안장】
28	금	26		제사, 기복(고사), 회친우, 결혼, 이사, 동토, 상량(사시), 교역 【출행, 구의요병, 장담그기, 승선도수, 재종, 파토, 안장】
29	토	27		벌목 【기복(고사), 회친우, 출행, 결혼, 이사, 구의요병, 동토, 상량, 장담그기, 교역, 재종, 파토, 안장】
30	㊐	28	대공망 월파일	제사 【기복(고사), 회친우, 출행, 결혼, 이사, 구의요병, 동토, 상량, 장담그기, 교역, 재종, 납축, 안장】
31	월	29	대공망	제사, 출행, 이사, 동토, 상량(사시), 장담그기, 대청소, 벌목, 파토, 안장 【기복(고사), 회친우, 결혼, 구의요병, 교역】

부 록(附錄)

행사용어 해설

- 개시(開市) — 개업 또는 시장에 내다 파는 일
- 경락(經絡) — ①경맥과 낙맥이니 인체 내에서 기혈(氣血)이 운행하는 통로를 점검하는 일
  ②무명이나 삼으로 실을 뽑아 직조(織造)함
- 관대(冠帶) — 벼슬아치 관리들의 제복과 관모를 하사하는 일
- 구의요병(求醫療病) — 병(病)을 치료하기 위하여 병원을 찾는 일
- 기복(祈福:고사) — 기도(祈禱), 고사 등으로 복(福)을 비는 일
- 납재(納財) — 재물(財物) 등을 들이는 일
- 납축(納畜) — 가축을 들여옴
- 목욕(沐浴) — 때를 벗기기 위한 목욕
- 벌목(伐木) — 나무를 베어냄
- 동토(動土) — 구조물(構造物)이나 건축하기 위한 흙일
- 상량(上梁) — 건축에서 기둥 세우고 상량(上樑) 올리는 것
- 술빚기 — 술 담그고 빚는 일
- 승선도수(乘船渡水) — 배[船] 타고 비행기 타고 먼 거리를 여행하는 것
- 안장(安葬) — 선영의 묘 쓰는 일
- 이사(移徙) — 다른 집으로 이사함
- 입권교역(立券交易) — 거래를 목적으로 증권(證券)·마권(馬券) 등을 작성함
- 입학(入學) — 공부방이나 학원·학교에 등록함
- 재의(裁衣) — 옷 맞추고 수선하는 일
- 재종(栽種) — 종자를 파종하고 모종하는 일
- 조장(造醬:장담그기) — 장 담그는 데 좋은 날은 **丁卯, 丙寅, 丙午, 午, 天德合, 月德**

合, 滿, 成, 開日임. 참고로 꺼리는 날은 辛日임

- 전렵(畋獵) — 사냥 또는 천렵(川獵) 등 물놀이
- 진인구(進人口) — 가족이나 식구(食口)가 늘어남
- 축제방(築隄防) — 제방의 개설이나 보수
- 출행(出行) — 당일로 귀가할 수 있는 출입
- 출화재(出貨財) — 돈이나 재물을 내는 일
- 파옥괴원(破屋壞垣) — 헌집을 허물고 담을 헐어 내는 일
- 파토(破土) — 흙을 허물거나 파내는 일
- 회친우(會親友) — 회원 또는 계원의 연회(宴會) 모임

일진에 쓰이는 길신

- 경안(敬安) — 공경받는 길신이니 친목하고, 사교·인사 등에 좋은 살이다.
- 관일(官日) — 승진 신고·수상(授賞)·부임·친민(親民)에 좋은 날이다. 봄〔卯日〕, 여름〔午日〕, 가을〔酉日〕, 겨울〔子日〕.
- 금궤(金匱) — 황도흑도(黃道黑道)에서 다섯 번째에 해당하는 길신이다. 월(月)에서 일진으로 보는 것인데, 다음과 같은 순서이다.

  1. 청룡(靑龍)황도 2. 명당(明堂)황도 3. 천형(天刑)흑도
  4. 주작(朱雀)흑도 5. 금궤(金匱)황도 6. 보광(寶光)황도
  7. 백호(白虎)흑도 8. 옥당(玉堂)황도 9. 천뢰(天牢)흑도
  10. 원무(元武)흑도 11. 사명(司命)황도 12. 구진(勾陳)흑도

길	청룡 명당 금궤 옥당 보광 사명은 황도이니 흥작(興作)이나 제반 업무에 길하다
흉	천형 주작 백호 천로 원무 구진은 흑도이니 홍공(興工), 동토, 이사, 결혼, 원행 등에 흉하다

- 금당(金堂) — 궁궐 축조 수리, 건축, 가옥수리 등에 길한 날.
- 보호(普護) — 음덕의 신으로 제사, 구의요병(求醫療病)에 길하다.
- 명폐(鳴吠) — 묘지일〔安葬〕을 하면 망인의 영혼이 편안하고 자손이 부귀강녕한다고 한다.
- 모창(母倉) — 오행의 생지(生地)로서 어미가 되므로 길신이 된다. 종자를 뿌리고 육축 양육에 길하다.

• 민일(民日) — 이는 왕일(王日), 관일(官日), 수일(守日), 상일(相日) 등과 함께 부임·승진·친민(親民)·수상 등에 좋은 날이다.

왕일=봄 인일(寅日), 여름 사일(巳日), 가을 신일(申日), 겨울 해일(亥日)이니 요즈음의 관일(官日)과 바뀐 것이다.

관일=봄卯, 여름午, 가을酉, 겨울子이니 왕일과 바뀐 것이다.

상일(相日)=봄巳, 여름申, 가을亥, 겨울寅이다.

민일(民日)=봄午, 여름酉, 가을子, 겨울卯이다.

수일(守日)=봄酉, 여름子, 가을卯, 겨울午이다.

• 복생(福生) — 월건(月建)으로 복이 되는 날이니, 기복(祈福), 구사(求嗣), 제사 등에 좋은 날이다.

• 옥우(玉宇) — 복생과 옥우는 상대 자리가 된다.

• 사상(四相) — 사시(四時)의 왕상일(旺相日)이니 경영, 건축, 양육, 진재(進財), 이사에 좋은 날인데, 경신일(庚辛日)만은 취하지 않는다. 경신이 왕하면 숙살이기 때문이다.

• 삼합(三合) — 삼합국(三合局)을 말하니, 해묘미(亥卯未) 목국(木局), 인오술(寅午戌) 화국(火局), 사유축(巳酉丑) 금국(金局), 신자진(申子辰) 수국(水局)이 그것이다.

• 부장(不將 : 陰陽不將吉日) — 봄과 겨울〔春冬〕은 기일(己日)이 길하고, 가을과 여름〔秋夏〕은 무일(戊日)이 길일이 된다는 것이다.

• 성심(聖心) — 월중의 복신이다. 백사의 경영, 은혜를 베푸는 일, 상부 관청에 청원 등에 길하다.

• 속세(續世) — 혈기(血忌)일이라고도 한다. 월가(月家)의 선신이다. 혼인, 제사, 친목, 양자 들이는 데 길하다.

• 시덕(時德) — 사시(四時)의 천덕(天德)인데, 나를 생하는 자를 취한 것이다. 축하하고 축하 잔치에 길하다.

• 시음(時陰) — 월중의 음신이니 회합, 계책, 모사, 전략에 길하다.

• 시양(時陽) — 월중의 양신이니 혼인, 연회 등에 길하다.

• 양덕(陽德) — 월중의 덕신(德神)이니, 교역 개척, 혼인에 길하다.

• 역마(驛馬) — 백사에 길하나 원행, 부임, 이사에 특히 길하다.

• 오부(五富) — 홍조사나 경영사에 길하다.

• 오합(五合) — 갑기합토(甲己合土), 을경합금(乙庚合金), 병신합수(丙辛合水), 정임합목(丁壬合木), 무계합수(戊癸合水) 등을 말하니, 수조(修造), 경영, 기

공(起工), 혼인, 출문(出門), 알현 등에 길하다.

- 요안(要安) — 월의 길신으로 이날에 집을 짓고, 성이나 담을 쌓는 데 좋다.
- 월공(月空) — 삼합을 충(冲)하는 자의 천간이다. 천공(天空)이라고도 하는데, 천덕(天德)이 충하는 자이므로 단지 상서나 진언에만 길하다.
- 월덕(月德) · 월덕합(月德合) — 월의 덕신이니, 5대(五大) 길신 중의 하나. 수리, 경영, 향(向)을 다스리는 데 길하고, 상부 관청의 임무라든가 연회 등 백사에 길하다. 土에는 덕이 없다.
- 월은(月恩) — 영조(營造), 혼인, 이사, 상임(上任), 진재(進財)에 길하다.
- 육의(六儀) — 입양, 식목, 결혼, 납례(納禮)에 길하다. 육길(六吉)이라고도 하며 염대(厭對)의 대방(對方)이기도 하다.
- 육합(六合) — 日 · 月 합의 숙신(宿辰)이다. 연회, 손님접대, 교역, 개점 등에 길하다.
- 음덕(陰德) — 음덕을 베풀고 은혜를 행하고, 원한을 푸는 일에 길하다.
- 익후(益後) — 남녀의 만남, 약혼, 혼인에 길하다.
- 임일(臨日) — 옛날 관리를 말하는데, 백성을 상대로 소송을 꺼린다.
- 천덕(天德) · 천덕합(天德合) — 5대 길신 중의 하나인데, 천도(天道)라고도 한다. 하늘의 원양순리(元陽順理)의 방위이므로 대길하다는 것이다. 경영, 건축, 시은(施恩), 제사, 기복(祈福)에 다 길하다.
- 천마(天馬) — 역마 참조.
- 천무(天巫) — 월중의 복덕신이다. 제사, 기구(祈求), 복원, 수리 등에 길하다.
- 천사(天赦) — 춘무인(春戊寅), 하갑오(夏甲午), 추무신(秋戊申), 동갑자(冬甲子)이니, 도가(道家)에서는 「甲일과 戊일은 기도에 마땅하다」 하였다.
- 천원(天願) — 결혼, 진재, 친우 연회에 길한 날이다.
- 천은(天恩) — 아래로 은혜를 베푸는 길신이다. 하늘에는 사금신(四禁神 : 子午卯酉)이 있는데, 그 중 하나는 항상 열어 놓는다고 한다. ① 甲子일, 乙丑일, 丙寅일, 丁卯일, 戊辰일. ② 己卯일, 庚辰일, 辛巳일, 壬午일, 癸未일. ③ 己酉일, 庚戌일, 辛亥일, 壬子일, 癸丑일 등 15일이다.
- 천의(天醫) — 사망으로부터 다시 생활시킨다는 길신이니 요병(療病)에 길하다. 천희(天喜)와 동궁이다.
- 천창(天倉) — 하늘의 창고이다. 창고 수리, 납재(納財), 재백(財帛)을 드리는 데 길하다.
- 천후(天后) — 월중의 복신(福神)인데, 구의요병(求醫療病), 기복 등에 길하다.
- 천희(天喜) — 행운이 많은 길신이다. 수복하기 위한 일에 길하다.
- 해신(解神) — 백살(百煞)을 제압한다고 한다.

일진에 쓰이는 흉신

- 겁살(劫煞) — 태세(太歲)의 음기(陰氣)이므로 흥조사(興造事)에 대흉한 살이다.
- 고양(孤陽) — 결혼, 이사 등에 불리하다. 9월 중의 무술(戊戌)일을 말한다.
- 고신(孤辰) · 과숙(寡宿) — 과부, 홀아비가 된다는 살이니, 결혼에 크게 꺼린다. 고신과 과숙이 같이 있을 때 치열하다.
- 구감(九坎) — 승선, 도하, 건축, 주물에 꺼린다.
- 구초(九焦) — 구감과 구초는 동일한 기신(忌神)이다.
- 구공(九空) — 이사, 결혼에 꺼린다.
- 구호(九虎) — 봄은 甲子乙亥일을 팔룡(八龍)이라 하고,
  여름은 丙子丁亥일을 칠조(七鳥)라 하고,
  가을은 庚子辛亥일을 구호(九虎)라 하고,
  겨울은 壬子癸亥일을 육사(六蛇)라 한다.
  이는 四時의 왕간(旺干)에다 亥子支를 배속시킨 것인데, 동방목(東方木)을 청룡(青龍)이라 하고 8로 성수(成數)시킨다 하여 팔룡이라 하였다. 다른 것도 이와 같다.
- 귀기(歸忌) — 이사, 혼인, 개업, 착공 등에 불길하다.
- 대모(大耗) — 丑未, 子午, 寅申, 卯酉, 巳亥 등 육충(六冲)을 말하니 대흉한 살이므로 백사에 불리하다.
- 대살(大煞) — 수리, 건축, 흥공사(興工事)에 꺼리는 대흉살(大凶煞)이다.
- 대시(大時) · 대패(大敗) — 둘 다 같은 의미로, 장군의 상을 말하니, 출군, 공력, 축진(築陳), 회친에 꺼린다.
- 대회(大會) · 소회(小會) — 월중의 길신으로 대소 연회에 길하다.
  음양대회(陰陽大會)일=매월 15일 이후만을 사용한다.
  음양소회(陰陽小會)일=대소간에 8회뿐이다.
- 복일(復日) — 같은 일이 반복된다는 뜻이니 장사(葬事)에 대흉하다.
- 사기(死氣) — 무기지신(無氣之神)이니 정벌, 구의요병(求醫療病)에 꺼리고, 그 방위로 산실(産室)을 두는 것도 해롭다. 시음관부(時陰官符)와 동궁이다.
- 사궁(四窮) · 사기(四忌) · 사모(四耗) · 사폐(四廢) — 출행, 부임, 개업에 불리하다.
- 삼음(三陰) — 정월의 신유(辛酉)일, 7월의 을묘(乙卯)일.

• 소모(小耗) · 대모(大耗) — 이 두 살(煞)은 대흉살이므로 모든 일을 다 꺼린다.

• 소시(小時) — 월건과 같은 날을 말하니, 결혼, 회친, 창고 개방에 꺼리는 날이다. 이는 토부(土府)와 월건(月建), 병복(兵福)과 같은 날이다.

• 순양(純陽) — 4월의 기사(己巳)일(건괘는 4월 괘이니 육효가 모두 양인데, 巳월 순양이 배속되기 때문이다).

• 순음(純陰) — 10월의 기해(己亥)일(곤괘는 10월 괘이니 육효가 모두 음이기 때문에 양기는 전무하고 음기 亥가 배속된다).

• 양파음충(陽破陰衝) — 6월의 계축(癸丑)일, 12월의 정미(丁未)일.

• 염대(厭對) — 혼인, 약혼식, 회친에 꺼린다.

• 오리(五離) — 갑신(甲申), 을유(乙酉)일.

• 오묘(五墓) — 사계절의 묘고(墓庫)이니 영조(營造), 축조, 출행, 가취에 꺼린다.

• 오허(五虛) — 사계절의 절진(絶辰)이니 이익을 도모하는 일에 나쁘다.

• 왕망(往亡) — 이주 · 원행 · 가취 · 요병 · 상임 · 심관(尋官)에 꺼린다. 이는 가되 돌아올 의사가 없는 것이다.

• 요려(了戾) — 3월의 병신(丙申)일, 4월의 정미(丁未)일, 9월의 임인(壬寅)일, 10월의 계축(癸丑)일인데, 회친, 교역에 꺼린다.

• 월건(月建) — 소월건(小月建):소아살이라고도 한다.
대월건(大月建):동토, 수리에 꺼린다.

• 유화(遊禍) — 월중의 악신(惡神)이므로 복약(服藥), 제사에 꺼린다.

• 월허(月虛) — 월살(月煞)이기도 하다. 월내(月內)의 허묘지신이니 천이(遷移), 납재(納財), 결혼에 꺼린다.

• 월형(月刑) — 월가의 중소살(中小煞)이다. 아래 도표를 보라.

정월	2월	3월	4월	5월	6월	7월	8월	9월	10월	11월	12월
巳	子	辰	申	午	丑	寅	酉	未	亥	卯	申

• 월유화(月遊火) — 수리에 꺼린다.

• 육사(六蛇) — 팔룡(八龍) · 칠조(七鳥) · 구호(九虎) · 육사(六蛇)는 모두 같은 의미인데, 혼인, 가취, 신행에 불길하다고 되어 있다. 이는 봄은 甲子 乙亥를 팔룡, 여름은 丙子 丁亥를 칠조, 가을은 庚子 辛亥를 구호, 겨울은 壬子 癸亥를 육사라 하나 계절에 따라 이름만 다르다. 九虎 내용 참고.

• 음위(陰位) — 3월의 庚辰일, 9월의 甲戌일 등.

• 음착(陰錯) — 흉조사, 가취, 출행, 교역, 모임에 불리하다.

• 중일(重日) — 巳亥일은 모두 중일인데, 이는 일이 거듭된다는 뜻이다.

• 지낭(地囊) — 사시(四時) 삼합괘(三合卦)의 내외 양 초효(初爻)의 납갑(納甲)에서 나온 것인데 소살(小煞)이다. 아래 도표와 같다.

정월	2월	3월	4월	5월	6월	7월	8월	9월	10월	11월	12월
경자 경오	을미 계축	갑자 임오	기묘 기유	갑진 임술	병진 병술	정사 정해	병인 병신	신축 신미	무인 무신	신묘 신유	을묘 을유

• 지화(地火) — 재살(災煞)은 천화(天火), 월염(月厭)이 지화(地火)이니 대살이다.

• 천강(天罡)・하괴(河魁) — 천강은 북두칠성의 자루이고, 하괴는 바가지인데, 월내(月內)의 흉신이다.

• 천구(天狗) — 이는 복덕, 천무와 동궁인데, 월중의 흉신이다.

• 천리(天吏) — 원행, 소송, 부임에 꺼린다.

• 천적(天賊) — 원행에 꺼린다.

• 천화(天火) — 월중의 흉신인데 집을 덮는 것, 기공, 축조, 회친 등에 흉하다. 재살(災煞), 천옥(天獄)이기도 하다.

• 초요(招搖) — 염대(厭對)와 같은 것으로, 가취, 승선도수(乘船渡水)에 꺼린다.

• 촉수룡(觸水龍) — 승선, 도수(渡水), 도강에 꺼린다. 팔풍(八風)과 같은 의미이다. 丙子, 癸未, 癸丑 3일인데, 사시(四時)에 관계없이 해신이므로 꺼린다.

• 치사(致死) — 천리와 치사는 같은 것으로, 부임과 원행, 소송에 불리하다.

• 칠조(七鳥) — 혼인, 가취에 꺼린다. 육사(六蛇) 참고.

• 토부(土府) — 월건과 같은 날인데, 중부(中府) 중궁이니 토살(土煞)이다.

• 토부(土符) — 수장(收藏)한다는 의미의 악살(惡煞)이다. 파토(破土), 천정(穿井), 축장(築墻)에 꺼린다.

• 팔룡(八龍) — 혼인, 신행에 꺼리는 날이다. 육사(六蛇) 참고.

• 팔전(八專) — 甲寅, 丁未, 己未, 庚申, 癸丑일 등 5일.

• 팔풍(八風) — 승선(乘船), 도하(渡河)에 꺼린다.

• 함지(咸池) — 혼인에 꺼린다.

• 행한(行狠) — 甲申, 乙未, 庚寅, 辛丑일 등 4일.

• 혈기(血忌) — 속세와 같은 흉신인데, 결혼, 친목, 제사, 양자 들이는 데 흉한 날이다.

• 혈지(血支) — 침뜸이나 수술에 꺼린다. 출혈한다는 뜻이다.

육갑상식(六甲常識)

• 간지(干支)의 기본 글자

간(干)은 천간(天干)이고 지(支)는 지지(地支)의 약칭이다. 천간이 10개이고 지지는 12개가 있어 십간(十干), 십이지(十二支)라 한다.

십간 : 甲, 乙, 丙, 丁, 戊, 己, 庚, 辛, 壬, 癸

십이지 : 子, 丑, 寅, 卯, 辰, 巳, 午, 未, 申, 酉, 戌, 亥

• 간지(干支)의 음양(陰陽)

天干과 地支는 모두 음과 양으로 분류되어 있다.

甲, 丙, 戊, 庚, 壬은 양간이고 **乙, 丁, 己, 辛, 癸**는 음간이다.

子, 寅, 辰, 午, 申, 戌은 양지이고 **丑, 卯, 巳, 未, 酉, 亥**는 음지이다.

• 육십갑자(六十甲子)

십간과 십이지를 순서대로 간(干)은 위에, 지(支)는 아래에 놓아 배합하면 60개 명칭의 간지 배합이 나온다. 이것이 육십갑자이다.

甲子	乙丑	丙寅	丁卯	戊辰	己巳	庚午	辛未	壬申	癸酉
甲戌	乙亥	丙子	丁丑	戊寅	己卯	庚辰	辛巳	壬午	癸未
甲申	乙酉	丙戌	丁亥	戊子	己丑	庚寅	辛卯	壬辰	癸巳
甲午	乙未	丙申	丁酉	戊戌	己亥	庚子	辛丑	壬寅	癸卯
甲辰	乙巳	丙午	丁未	戊申	己酉	庚戌	辛亥	壬子	癸丑
甲寅	乙卯	丙辰	丁巳	戊午	己未	庚申	辛酉	壬戌	癸亥

• 오행(五行)과 생극

오행이란 다음 다섯 가지 명칭을 말한다.

木 火 土 金 水

상생(相生) : 木生火 火生土 土生金 金生水 水生木
木→火→土→金→水→木→火 차례로 生함

상극(相克) : 木克土 土克水 水克火 火克金 金克木
木→土→水→火→金→木→土→水 차례로 克함

• 오행 소속

간지의 기본 소속　甲乙寅卯木 丙丁巳午火 戊己辰戌丑未土 庚辛申酉金 壬癸亥子水

간합오행(干合五行) : 甲己合土 乙庚合金 丙辛合水 丁壬合木 戊癸合火

삼합오행(三合五行) : 申子辰合水국(局) 巳酉丑合金국(局) 寅午戌合火국(局) 亥卯未合木국(局)

육합오행(六合五行) : 子丑合土 寅亥合木 卯戌合火 辰酉合金 巳申合水 午未合

사시오행(四時五行) : 봄은 인묘진木의 계절, 여름은 사오미火의 계절, 가을은 신유술金의 계절, 겨울은 해자축水의 계절이다. 그러나 사계절의 끝 달인 3·6·9·12월은 계절은 그러해도 오행은 土에도 속한다.

방위오행 : 동방 木, 남방 火, 중앙 土, 서방 金, 북방 水
청색 木, 적색 火, 황색 土, 백색 金, 흑색 水

수(數)오행 : 三八木, 二七火, 五十土, 四九金, 一六水
甲乙寅卯三八木(東方 청색 春 木)
丙丁巳午二七火(南方 적색 夏 火)
戊己辰戌丑未五十土(中央 황색 四季 土)
庚辛申酉四九金(西方 백색 秋 金)
壬癸亥子一六水(北方 흑색 冬 水)

※ 선천수(先天數)

甲己子午九, 乙庚丑未八, 丙辛寅申七, 丁壬卯酉六, 戊癸辰戌五, 巳亥四

※ 후천수(後天數)

壬子一, 丁巳二, 甲寅三, 辛酉四, 戊辰五, 癸亥六, 丙午七, 乙卯八, 庚申九, 丑未十, 己獨百

• 충과 형파해

간충(干冲) : 甲庚冲　乙辛冲　丙壬冲　丁癸冲　戊甲冲　己乙冲

지지육충(六冲) : 子午冲　丑未冲　寅申冲　卯酉冲　辰戌冲　巳亥冲

지형(支刑) : 寅巳申三刑(寅刑巳 巳刑申 申刑寅)
丑戌未三刑(丑刑戌 戌刑未 未刑丑)
子卯相刑(子刑卯 卯刑子)
辰·午·酉·亥 自刑(辰刑辰, 午刑午, 酉刑酉, 亥刑亥)

육파(六破) : 子←酉　丑↔辰　寅↔亥　卯↔午　巳↔申　戌↔未

육해(六害) : 子←未　丑↔午　寅↔巳　卯↔辰　申←亥　酉↔戌

원진(怨嗔) : 子←未　丑↔午　寅↔酉　卯↔申　辰↔亥　巳↔戌
(궁합과 동업운에 주로 많이 쓰인다)

◎ 신살(神殺)과 육친(六親)

• 신살(神殺) – 아래의 신살은 조명(造命), 택일(擇日)에 참고.

건록(建祿)이 사주에 있으면 몸이 튼튼하고 항시 직장과 먹을 것이 있다.

甲日－寅　乙日－卯　丙·戊日－巳　丁·己日－午

庚日－申　辛日－酉　壬日－亥　癸日－子

천을귀인(天乙貴人)이 사주에 있으면 항시 인덕이 있고 천지신명의 도움을 받는다.

甲·戊·庚日－丑未　乙·己日－子申　丙·丁日－亥酉　辛日－寅午

壬癸日－巳卯(丁亥 丁酉 癸巳 癸卯日生은 生日에 천을귀인을 갖고 출생한 것이다)

역마(驛馬)가 있으면 부지런하고 활동력이 강하여 무역·운수·외직으로 성공한다.

申子辰生－寅　巳酉丑生－亥　寅午戌生－申　亥卯未生－巳

겁살(劫殺)이 사주에 있으면 액겁이 따르므로 한때라도 고생을 겪는다.

申子辰生－巳　巳酉丑生－寅　寅午戌生－亥　亥卯未生－申

순중(旬中) **공망**(空亡)이 길신에 들면 불리하나 흉신에 들면 흉살의 작용력을 감소시킨다.

甲子旬中－戌亥空　甲戌旬中－申酉空　甲申旬中－午未空

甲午旬中－辰巳空　甲辰旬中－寅卯空　甲寅旬中－子丑空

• 원진관계

항간에서 부녀자들의 말을 빌린다면 남녀가 원진관계로 맺어지면 해로하기 어렵다 하는데 꼭 그런 것만은 아닌 것 같다. 참고삼아 이를 소개하면 다음과 같다.

쥐띠와 양띠, 소띠와 말띠, 범띠와 닭띠, 토끼띠와 원숭이띠,
용띠와 돼지띠, 뱀띠와 개띠(子未, 丑午, 寅酉, 卯申, 辰亥, 巳戌)

• 육친(六親)

육친이란 부모 형제 처자를 지칭하는바 오행의 음양(陰陽)과 생극(生克)작용에 의해 결정되는데, "나를 낳아준 이가 부모"이니 정인(正印) 또는 편인(偏印)이라 하며, "내가 낳은 자는 자식"이니 식신(食神) 또는 상관(傷官)이라 하고, "나를 이기는 자는 관청(官廳)"이니 정관(正官) 또는 편관(偏官)이라 하며, "내가 이기는 자는 처재(妻財)"이니 정재(正財) 또는 편재(偏財)라 하며, "나와 대등한 자는 형제"이니 비견(比肩) 또는 겁재(刦財)라 하는데

모두 합하여 10신(十神)으로 분류한다. 다시 십신은 정인(正印)·정관(正官)·식신(食神)을 3대 길신(吉神)으로 하고, 효신(梟神:偏印)·칠살(七殺:偏官)·상관(傷官)은 3대 흉신(凶神)이 되며, 비견(比肩)·겁재(劫財)·정재(正財)·편재(偏財)는 4대 한신(閑神)으로 분류한다.

10신 가운데서 편인(偏印)은 **효신(梟神)**이라고도 하는데, 효신이란 이름은 어미를 잡아먹고 크는 올빼미 부엉이 과에 속하는 불효조(不孝鳥)란 뜻에서 나온 배은망덕(背恩忘德)한 이름이다. 그러므로 편인(偏印)은 편재(偏財)가 있어서 길신일 때 쓰는 말이지만, 효신이 제화(制化)가 안 되어 효신(梟神)으로 쓰일 때는 흉신일 때 쓰는 말이다.

편관(偏官)은 칠살(七殺)이라고도 하는데 위에서와 같이 길신일 때는 편관이 되어 큰 권력이 되지만, 흉신일 때는 칠살이라는 다른 이름으로 불리어 불구(不具) 또는 상신살(傷身煞)이 된다.

상관(傷官)도 흉신이 되어 벼슬이나 직장도 없이 어정쩡할 때 하는 말이고 정인(正印)이 제화(制化)시켜 길신인 식신(食神)으로 쓰일 때는 큰 벼슬과 좋은 직장도 있고 큰 부자로 이름을 떨치게 된다.

이와 같이 조명택일(造命擇日)할 때는 편인(偏印)·편관(偏官)·상관(傷官)은 효신(梟神)·칠살(七殺)·상관(傷官)이라는 다른 이름으로 불리는지를 판단하는 것이 중요하다.

○ 육친 정하는 법

10신을 음양(陰陽)으로 구분하면 정인, 편인, 정관, 편관, 식신, 상관, 비견, 겁재, 편재, 정재의 열 가지 명칭으로 분류된다.

○ 日干과 오행이 같고 음양도 같으면 **비견**(比肩), 음양만 다르면 **겁재**(劫財)다.
○ 日干이 生하는 자로 음양이 같으면 **식신**(食神), 다르면 **상관**(傷官)이라 한다.
○ 日干이 극하는 자로 음양이 같으면 **편재**(偏財), 다르면 **정재**(正財)라 한다.
○ 日干을 극하는 자로 음양이 같으면 **편관**(偏官), 다르면 **정관**(正官)이라 한다.
○ 日干을 生하는 자로 음양이 같으면 **편인**(偏印), 다르면 **정인**(正印)이라 한다.

• 지지(地支)장간(藏干)

1년 12개월을 지칭하는 12지지 중에는 약 30일 내외의 천간을 2~3개씩 내포하고 있어서 택일이나 생년월일에서 어느 천간을 사용하게 되는지가 중요하다.

子(癸壬)　丑(己辛癸)　寅(戊丙甲)　卯(甲乙)　辰(癸乙戊)　巳(戊庚丙)
午(己丙丁)　未(丁乙己)　申(戊壬庚)　酉(庚辛)　戌(辛丁戊)　亥(戊甲壬)

남녀궁합(男女宮合)

• 납음궁합(納音宮合)

이 궁합은 남녀 생년납음(生年納音)의 생극으로 길흉을 참작하는 방법인바 남녀가 상생이면 길하고 상극이면 불리하며(상극이라도 남자가 여자를 극하는 관계는 무방) 그리고 비화(五行이 같은 것)에서도 土와 水의 비화는 상합(相合)을 이루어 길하고, 金木火의 비화는 불길로 본다. 또 납음궁합에 특별한 예가 있다. 남녀를 막론하고 상대방의 극을 받는 것을 꺼리는 게 원칙이지만 극받는 것을 더 기뻐하는 관계가 있다.

ㅇ壬申 癸酉 甲午 乙未生은 火를 만나야 인격이 완성되고

ㅇ戊子 己丑 丙申 丁酉 戊午 己未生은 水를 만나야 복록이 창성하고

ㅇ戊戌 己亥生은 金을 만나야 영화를 누리고

ㅇ丙午 丁未 壬戌 癸亥生은 土를 만나야 자연히 형통하고

ㅇ庚午 辛未 戊申 己酉 丙辰 丁巳生은 木을 만나야 행복하다.

• 납음오행표

丙子	1936 1996	水	戊子	1948	火	庚子	1960	土	壬子	1972	木	甲子	1984	金
丁丑	1937 1997	水	己丑	1949	火	辛丑	1961	土	癸丑	1973	木	乙丑	1985	金
戊寅	1938 1998	土	庚寅	1950	木	壬寅	1962	金	甲寅	1974	水	丙寅	1986	火
己卯	1939 1999	土	辛卯	1951	木	癸卯	1963	金	乙卯	1975	水	丁卯	1987	火
庚辰	1940 2000	金	壬辰	1952	水	甲辰	1964	火	丙辰	1976	土	戊辰	1988	木
辛巳	1941 2001	金	癸巳	1953	水	乙巳	1965	火	丁巳	1977	土	己巳	1989	木
壬午	1942 2002	木	甲午	1954	金	丙午	1966	水	戊午	1978	火	庚午	1990	土
癸未	1943 2003	木	乙未	1955	金	丁未	1967	水	己未	1979	火	辛未	1991	土
甲申	1944 2004	水	丙申	1956	火	戊申	1968	土	庚申	1980	木	壬申	1992	金
乙酉	1945 2005	水	丁酉	1957	火	己酉	1969	土	辛酉	1981	木	癸酉	1993	金
丙戌	1946 2006	土	戊戌	1958	木	庚戌	1970	金	壬戌	1982	水	甲戌	1994	火
丁亥	1947 2007	土	己亥	1959	木	辛亥	1971	金	癸亥	1983	水	乙亥	1995	火

● 납음궁합 해설

男金女金 : 기복이 많아 부자 되기 어렵다. 부부간에 양보가 없고 가정이 항시 시끄럽다.

男金女木 : 金木이 상극되니 남자가 아내를 업신여기기 쉽고 가정 불안에 일이 잘 안 된다.

男金女水 : 金水로 상생을 이루어 화목하니 천생연분이라 집안에 항시 웃음꽃이 피고 재산이 는다.

男金女火 : 火金으로 상극되니 많은 인내가 있어야 해로하며, 재물도 따르지 아니한다.

男金女土 : 土金으로 상생을 이루니 부부 금슬이 지극하고 자손창성에 노비전답이 즐비할 것이다.

男木女木 : 木과 木의 만남은 서로 자존심 세우기에 힘쓰지만 양보하면 깨가 쏟아지듯 재미있게 산다.

男木女金 : 金克木 상극되어 불리한 궁합이다. 일생 어렵게 살거나 부부 해로하기 어렵다.

男木女水 : 水木이 상생되니 부부 화목하다. 자손이 효도하고 친척까지 화목하며 부귀장수하는 궁합이다.

男木女火 : 木火로 상생을 이루니 부부간의 애정이 두텁고, 경영이 잘 되어 일생 금의옥식하며 살아간다.

男木女土 : 木土가 상극이라 부부 화목하기 어렵다. 생애 중 여러 가지 힘든 일이 겹쳐 고생하게 된다.

男水女木 : 水木이 상생하니 금슬이 좋고 일가가 평화로우며 지위가 오르고 재산이 는다.

男水女金 : 金水로 상생하니 부부 화목에 자손이 창성하여 집안이 잘 되고 생애가 즐겁다.

男水女水 : 水相合이라 부부가 서로 뜻이 맞고 사방의 물이 모이듯이 재산이 는다.

男水女火 : 水火상극이라 여성의 입장에서 남편의 구박이 심할 것이다. 불같은 성질을 참아야 해로한다.

男水女土 : 水土가 상극되니 부부의 뜻이 맞지 않고 자손들도 말썽을 부리거나 경영에 막힘이 많다.

男火女木 : 木火상생, 내조가 있고 남편은 아내의 뜻을 잘 받아들이며 자손도 효도한다.

男火女金 : 火金상극되니 집안이 시끄럽고 자녀가 말썽을 피우며, 매사 막혀 경영이 어렵다.

男火女水 : 水火상극이니 화목하기 어렵다. 혹 금슬이 좋아 화목하게 사는 수도 있다.

男火女火 : 두 불이 서로 붙은 상이라 이 남녀의 만남은 조용한 날이 없으므로 항시 집안이 시끄럽다.

男火女土 : 火土로 상생을 이루니 부부가 의좋게 해로할 것은 물론이요 자손창성에 가업이 창성한다.

男土女木 : 木土가 상극이라 부부불화에 관재구설이 따르며, 본시 있던 재물이 줄고 근심이 생긴다.

男土女金 : 土生金하니 재물이 늘고 부부의 정이 좋으며, 부귀공명하여 이름을 세상에 떨친다.

男土女水 : 土水가 상극을 이루니 남편의 구박이 심하고 부부간에 정이 없으며 재수도 열리지 않는다.

男土女火 : 火土가 상생을 이루니 부부화목은 물론이요 치부하여 재물이 산처럼 쌓이고 효자가 나온다.

男土女土 : 土相合이라 부귀를 얻어 금의옥식하고 자손창성하며 고루거각에서 태평세월한다.

혼인문(婚姻門)

• **생기복덕(生氣福德)** — 이는 남녀의 본명(本命)으로 생기복덕을 알아보는 것인데, 일상생기(一上生氣), 이중천의(二中天醫), 삼하절체(三下絶體), 사중유혼(四中遊魂), 오상화해(五上禍害), 육중복덕(六中福德), 칠하절명(七下絶命), 팔중귀혼(八中歸魂)의 순으로 짚어 자기의 길흉을 알아보는 것이다. 생기, 천의, 복덕은 길하고, 화해와 절명은 흉하며, 그밖에 절체, 유혼, 귀혼은 평범하다고 한다.

찾는 법은 남자는 이궁(離宮)에서 1세를 일으켜 시계 방향인 곤궁(坤宮)으로 진행하는데 첫 번째의 곤궁은 건너뛰어 태궁(兌宮)이 2세가 된다. 처음만 건너뛰고 8세 이후로는 건너지 않고 계속 짚어 나가 자기 나이에 해당하는 궁을 찾아 길흉을 알아본다. 여명(女命)은 감궁(坎宮)에서 1세가 되고 시계 반대방향으로 진행하는데, 첫 번째 만나는 간궁(艮宮)은 건너뛰니 감궁으로 8세가 되며 그 이후는 건너뛰지 않고 계속 자기 나이까지 진행한다.

생기 · 복덕 일람표

남녀 / 구분	남자 연령(당)								여자 연령(당)							
	1		2	3	4	5	6	7	1	2	3	4	5	6	7	
	8	9	10	11	12	13	14	15	8	9	10	11	12	13	14	15
	16	17	18	19	20	21	22	23	16	17	18	19	20	21	22	23
	24	25	26	27	28	29	30	31	24	25	26	27	28	29	30	31
	32	33	34	35	36	37	38	39	32	33	34	35	36	37	38	39
	40	41	42	43	44	45	46	47	40	41	42	43	44	45	46	47
	48	49	50	51	52	53	54	55	48	49	50	51	52	53	54	55
	56	57	58	59	60	61	62	63	56	57	58	59	60	61	62	63
	64	65	66	67	68	69	70	71	64	65	66	67	68	69	70	71
	72	73	74	75	76	77	78	79	72	73	74	75	76	77	78	79
	80	81	82	83	84	85	86	87	80	81	82	83	84	85	86	87
	88	89	90	91	92	93	94	95	88	89	90	91	92	93	94	95
생기(生氣) ○	卯	丑寅	戌亥	酉	辰巳	未申	午	子	辰巳	酉	戌亥	丑寅	卯	子	午	未申
천의(天宜) ○	酉	辰巳	午	卯	丑寅	子	戌亥	未申	丑寅	卯	午	辰巳	酉	未申	戌亥	子
절체(絶體) △	子	戌亥	丑寅	未申	午	酉	辰巳	卯	午	未申	丑寅	戌亥	子	卯	辰巳	酉
유혼(遊魂) △	未申	午	辰巳	子	戌亥	卯	丑寅	酉	戌亥	子	辰巳	午	未申	酉	丑寅	卯
화해(禍害) ×	丑寅	卯	子	辰巳	酉	午	未申	戌亥	酉	辰巳	子	卯	丑寅	戌亥	未申	午
복덕(福德) ○	辰巳	酉	未申	丑寅	卯	戌亥	子	午	卯	丑寅	未申	酉	辰巳	午	子	戌亥
절명(絶命) ×	戌亥	子	卯	午	未申	辰巳	酉	丑寅	未申	午	卯	子	戌亥	丑寅	酉	辰巳
귀혼(歸魂) △	午	未申	酉	戌亥	子	丑寅	卯	辰巳	子	戌亥	酉	未申	午	辰巳	卯	丑寅

단, ×표 닿는 날은 화해 · 절명일이므로 피하라.

택일에 빼놓을 수 없는 것은 생기 · 복덕법에 의한 날짜의 선택이다. 생기 · 천의 · 복덕일을 취용하되, 사정에 의하여 생기 · 복덕 · 천의일 중에 택일이 어려우면 부득이 유혼 · 절체 · 귀혼일을 사용할 수 있으나 화해나 절명일은 사용하지 못한다. 위는 일람표로서 참고하면 화해 · 절명일이 어느 일진에 해당하는가를 알 수 있다.

● 혼인년운에 대하여

속설에 삼재운(三災運 : 申子辰生－寅卯辰年, 巳酉丑生－亥子丑年, 寅午戌生－申酉戌年, 亥卯未生－巳午未年)에는 결혼을 피해야 된다고 주장하는 이가 있으나 나이가 늦어 결혼을 하려는데 마침 삼재에 걸렸다면 어찌 3년을 기다렸다가 혼인식을 올릴 수 있으랴. 그러므로 삼재운 운운은 개의치 말고 다음에 소개하는 남녀 혼인흉년에 해당하는지만 참작하기 바란다.

생 년	子	丑	寅	卯	辰	巳	午	未	申	酉	戌	亥
남자 흉년	未	申	酉	戌	亥	子	丑	寅	卯	辰	巳	午
여자 흉년	卯	寅	丑	子	亥	戌	酉	申	未	午	巳	辰

예를 들어 남자 子年生은 未年, 여자 子年生은 卯年에 결혼식을 올리는 것이 마땅치 않다는 뜻이다.

• 혼인달 가리는 법

요즈음 세태는 거의가 토·일요일에 해당하는 혼인길일을 가리는 까닭에 달[月]까지 법에 맞는 길월(吉月)을 가리기 어렵다. (대개 혼인달에 대해서는 구애받지 않는 것 같다) 그러나 법에 있는만큼 가능하다면 나쁜 달을 피하고 좋은 달을 가려 식을 올리는 게 바람직하다.

○ 살부대기월(殺夫大忌月) – 남편에게 해롭다는 달이다.

여 자	子	丑	寅	卯	辰	巳	午	未	申	酉	戌	亥
불길월	正·二月	四月	七月	十二月	四月	五月	八·十二月	六·七月	六·七月	八月	十二月	七·八月

예를 들어 子年生 여자는 음력 正月과 二月에 혼인식 올리는 것을 피하라는 뜻이다.

○ 가취월(嫁娶月)

여자의 生 / 길흉 구분	子生女 午生女	丑生女 未生女	寅生女 申生女	卯生女 酉生女	辰生女 戌生女	巳生女 亥生女
대리월(大利月) 대길	六·十二月	五·十一月	二·八月	正·七月	四·十月	三·九月
방매씨(妨媒氏) 무방	正·七月	四·十月	三·九月	六·十二月	五·十一月	二·八月
방옹고(妨翁姑) 시부모 불리	二·八月	三·九月	四·十月	五·十一月	六·十二月	正·七月
방여부모(妨女父母) 친정부모 불리	三·九月	二·八月	五·十一月	四·十月	正·七月	六·十二月
방부주(妨夫主) 신랑 불리	四·十月	正·七月	六·十二月	三·九月	二·八月	五·十一月
방여신(妨女身) 신부 불리	五·十一月	六·十二月	正·七月	二·八月	三·九月	四·十月

예를 들어 子年生 여자인 경우 六·七·十二月(대리월과 방매씨, 正月은 살부대기월에 해당)에 혼인하는 게 유리하고 가급적 四·五·十·十一月(방부주·방여신)은 피하는 게 바람직하다.

ㅇ 혼인 날짜

혼인 날짜는 본 책자 택일란에서 유리한 날을 가리되, 단 생기법의 화해·절명일만 피하면 된다.

이사문(移徙門)

이사 날짜도 택일력 본문 이사 길일(유리)에서 생기법의 화해·절명일을 피하고 이사방위만 맞추면 된다.

태백살방(太白殺方:일명 손)을 피하라.

음력 1, 2, 11, 12, 21, 22일 **동쪽**, 3, 4, 13, 14, 23, 24일 **남쪽**, 5, 6, 15, 16, 25, 26일 **서쪽**, 7, 8, 17, 18, 27, 28일 **북쪽**, 9, 10, 19, 20, 29, 30일 손이 없다.

●이사방위 일람표

연령(당)	남자 연령									여자 연령								
남녀 연령 / 구 분	1 10 19 28 37 46 55 64 73 82 91	2 11 20 29 38 47 56 65 74 83 92	3 12 21 30 39 48 57 66 75 84 93	4 13 22 31 40 49 58 67 76 85 94	5 14 23 32 41 50 59 68 77 86 95	6 15 24 33 42 51 60 69 78 87 96	7 16 25 34 43 52 61 70 79 88 97	8 17 26 35 44 53 62 71 80 89 98	9 18 27 36 45 54 63 72 81 90 99	1 10 19 28 37 46 55 64 73 82 91	2 11 20 29 38 47 56 65 74 83 92	3 12 21 30 39 48 57 66 75 84 93	4 13 22 31 40 49 58 67 76 85 94	5 14 23 32 41 50 59 68 77 86 95	6 15 24 33 42 51 60 69 78 87 96	7 16 25 34 43 52 61 70 79 88 97	8 17 26 35 44 53 62 71 80 89 98	9 18 27 36 45 54 63 72 81 90 99
천록(天祿) 길	동	서남	북	남	동북	서	서북	중	동남	동남	동	서남	북	남	동북	서	서북	중
안손(眼損) 불리	동남	동	서남	북	남	동북	서	서북	중	중	동남	동	서남	북	남	동북	서	서북
식신(食神) 길	중	동남	동	서남	북	남	동북	서	서북	서북	중	동남	동	서남	북	남	동북	서
증파(甑破) 불리	서북	중	동남	동	서남	북	남	동북	서	서	서북	중	동남	동	서남	북	남	동북
오귀(五鬼) 불리	서	서북	중	동남	동	서남	북	남	동북	동북	서	서북	중	동남	동	서남	북	남
합식(合食) 길	동북	서	서북	중	동남	동	서남	북	남	남	동북	서	서북	중	동남	동	서남	북
진귀(進鬼) 불리	남	동북	서	서북	중	동남	동	서남	북	북	남	동북	서	서북	중	동남	동	서남
관인(官印) 길	북	남	동북	서	서북	중	동남	동	서남	서남	북	남	동북	서	서북	중	동남	동
퇴식(退食) 불리	서남	북	남	동북	서	서북	중	동남	동	동	서남	북	남	동북	서	서북	중	동남

천록(天祿)과 관인방(官印方)은 벼슬과 녹봉이 오르고, 안손방은 안질과 손해가 있고, 식신방은 수복이 따르고, 증파방은 재물이 줄고, 오귀방은 질병이 이르고, 합식방은 가족과 식록이 늘고, 진귀방은 우환이 발생하고, 퇴식방은 재물이 준다.

양 택(陽宅)

• 성조운(成造運)

새로 집을 짓기 위해 운을 볼 때 사각법(四角法)을 적용한다. 사각법에는 천기대요(天機大要)의 금루사각법(金樓四角法)과 성조본명사각법(成造本命四角法)이 있다.

금루사각법은 당년 나이 1세를 兌宮에 붙여 八方을 순행(시계방향으로 順行)하되 단 4,5세는 중궁에 넣고 계속 연령을 붙여나간다. 이렇게 하고 보면 매 1, 3, 7, 9의 홀수나이는 四正方에 위치하여 성조에 길하고 2, 4, 5, 6, 8, 10의 짝수 나이는 (5세수 포함) 건·곤·간·손의 사각방에 들어 성조 불리라 한다.

巽	離	坤
8 43 80 17 53 89 26 62 98 34 71 巽 牛馬四角	9 44 81 18 54 90 27 63 99 36 72 離 大 吉	1 37 73 10 46 82 19 56 91 28 64 100 坤 妻子四角
7 42 79 16 52 88 24 61 97 33 70 震 大 吉	5 45 75 15 50 85 25 55 95 35 65 中 蠶四角(凶)	2 38 74 11 47 83 20 57 92 29 66 兌 大 吉
6 41 78 14 51 87 23 60 96 32 69 艮 自四角(凶)	4 40 77 13 49 86 22 59 94 31 68 坎 大 吉	3 39 76 12 48 84 21 58 93 30 67 乾 父母四角

성조본명사각법은 나이 1세를 곤(坤)에 붙여 八方을 순행하되 단 5세(15, 25, 35, 45, 50, 55세 등)에는 中宮에 넣고 왼쪽 표와 같이 연령을 배치한다.

나이가 감(坎) 이(離) 진(震) 태(兌)의 四正方에 드는 해는 성조 대길하고 중궁과 간궁은 잠사각(蠶四角)과 자사각(自四角)이라 성조 대흉하며, 부모사각은 부모에 불리요, 처자사각은 처자에 불리하다.

우마사각은 축사 짓는 데만 불리하고 기타 건축물 짓는 데는 무방하다. 부모가 안계시면 부모사각 나이에도 집을 지을 수 있고, 처자가 없는 나이는 처자 사각나이에도 집을 지을 수 있다.

• 좌향법(坐向法)

좌향법에는 여러 가지가 있으나 생략하고 간편한 것을 한 가지만 소개한다.

子午卯酉年 : 癸丑 乙辰 丁未 辛戌 坐向이 大吉
辰戌丑未年 : 艮寅 巽巳 坤申 乾亥 坐向이 大吉
寅申巳亥年 : 壬子 甲卯 丙午 庚酉 坐向이 大吉

• 집수리

이미 지어 있는 건축물 한 곳을 수리하거나, 한쪽에 새로 건축물을 달아내게 될 때는 반드시 삼살(三殺)·대장군방(大將軍方)과 신황(身皇)·정명방(定明方), 그리고 소아살방(小兒殺方)을 범하지 말아야 한다.

○ 삼살방(三殺方)
申子辰年－남쪽, 巳酉丑年－동쪽, 寅午戌年－북쪽, 亥卯未年－서쪽

○ 대장군방(大將軍方)
亥子丑年－정서, 寅卯辰年－정북, 巳午未年－정동, 申酉戌年－정남

○ 신황(身皇)·정명방(定命方)

구분 / 당년 연령	집을 수리하고 달아내는 데 불리한 방위	
	남 자	여 자
1, 10, 19, 28, 37, 46, 55, 64, 73, 82, 91	서남·동북방	서남·동북방
2, 11, 20, 29, 38, 47, 56, 65, 74, 83, 92	정동·정서방	정북·정남방
3, 12, 21, 30, 39, 48, 57, 66, 75, 84, 93	동남·서북방	정남·정북방
4, 13, 22, 31, 40, 49, 58, 67, 76, 85, 94	가운데(중앙)	동북·서남방
5, 14, 23, 32, 41, 50, 59, 68, 77, 86, 95	서북·동남방	정서·정동방
6, 15, 24, 33, 42, 51, 60, 69, 78, 87, 96	정서·정동방	서북·동남방
7, 16, 25, 34, 43, 52, 61, 70, 79, 88, 97	동북·서남방	가운데(중앙)
8, 17, 26, 35, 44, 53, 62, 71, 80, 89, 98	정남·정북방	동남·서북방
9, 18, 27, 36, 45, 54, 63, 72, 81, 90, 99	정북·정남방	정동·정서방

신황방은 남녀 공히 곤궁(坤宮)에서 10세를 기(起)하여 구궁순(九宮順)으로 남순행, 여역행한다. 정명방은 신황방의 대궁(對宮)인데 그 두 방위의 수작을 꺼린다. 예를 들어 28, 37, 46, 55세 된 남자는 집 한가운데를, 여자는 동북쪽과 서남쪽을 수리하지 못한다.

○ 소아살방(小兒殺方

15세 이하의 젖먹이가 있는 집은 이 표에 의해 닿는 방위의 수리를 해서는 안 된다. 예를 들어 **辛丑年** 음력 5월에 수리를 하게 된다면 5월은 大月이라 天干을 적용, **辛年** 5월을 보면 **북쪽**이라 적혀 있으니 북쪽 수리를 못한다.

月의 大小	月 / 年	正	二	三	四	五	六	七	八	九	十	十一	十二
大月 (天干)	甲 癸 丁 庚 年	동북	서	서북	중앙	동남	동	서남	북	남	동북	서	서북
	乙 辛 戊 年	중앙	동남	동	서남	**북**	남	동북	서	서북	중앙	동남	동
	丙 壬 己 年	서남	북	남	동북	서	서북	중앙	동남	동	서남	북	남
小月 (地支)	子寅辰午申戌年	중앙	서북	서	동북	남	북	서남	동	동남	중앙	서북	서
	丑卯巳未酉亥年	남	북	서남	동	동남	중앙	서북	서	동북	남	북	서남

※이는 역법(曆法)의 오류로 대월소월(大月小月)이 오류가 있을 수 있으므로 참고하기 바람.

• 양택삼요(陽宅三要)

사람은 누구나 자기의 운(運)에 가장 잘 맞는 집에 살기를 원한다. 사실상 그것이 그렇게 어려운 일이 아님에도 이유는 모르겠지만 이러한 소원을 이루고 사는 사람이 그다지 많지 않다. 가옥에서 최길(最吉)한 삼요(三要 : 안방, 대문, 주방)를 찾아 바르게 이용하려는 것인데 이를 아래와 같이 구궁(九宮)에다 대입하여 판단하는 것이다. 그러려면 구궁도(九宮圖)를 먼저 이해하여야 하고, 다음으로 주명(主命)이 동사명인(東四命人)에 해당하는지 서사명인(西四命人)에 해당하는지를 알아야 한다.

○ 구궁도

손(巽) 사록	이(離) 구자	곤(坤) 이흑
진(震) 삼벽	중궁 오황	태(兌) 칠적
간(艮) 팔백	감(坎) 일백	건(乾) 육백

감(坎) 이(離) 진(震) 손(巽)이 동사택궁(東四宅宮)으로 동사명인에게 이롭고, 건(乾) 곤(坤) 간(艮) 태(兌)는 서사택궁(西四宅宮)이므로 서사명인에게 이로운 것으로 고정시켜 놓은 것이다.

또 자기가 동사명인인지, 서사명인인지를 알아야 하는데 이것은 기문(奇門)에 배속(配屬)시켜 알아야 하나 구궁의 주기성을 이용하면 쉽게 알 수 있다.

▶대주가 남자인 경우

100-(서기)생년 끝 2단위÷9=제하고 나머지 숫자가 자기 연백(年白)임

▶대주가 여자인 경우

자기의 서기로 생년 끝 2단위에서 4를 빼고 나누기 9=제하고 나머지 숫자가 자기 연백(年白)임

이렇게 나온 답이 1이면 감(坎), 3이면 진(震), 4면 손(巽), 9이면 이(離)니 동사명인이며,
2면 곤(坤), 5면 중(中), 6이면 건(乾), 7이면 태(兌), 8이면 간(艮)이니 서사명인이다.

가장 중요한 것은 동사명인은 동사택궁(東四宅宮)이 이로우니 좌향(坐向), 대문, 안방, 주방이 모두 동사궁 방위에서 배치되어야 하고, 서사명인이면 서사택궁(西四宅宮)이 이로우니 좌향, 대문, 안방, 주방이 반드시 서사궁 내(內)에서 배치되어야 한다. 만약 동사명인이 서사택궁이 섞인다거나 서사명인인데 동사택궁이 섞이면 혼잡되어 흉하다.

• 삼요 비궁표(飛宮表)

좌·주방 큰방 / 출입문	坎 壬子癸	艮 丑艮寅	震 甲卯乙	巽 辰巽巳	離 丙午丁	坤 未坤申	兌 庚酉辛	乾 戌乾亥
坎(壬子癸方)	복음	오귀	천을	생기	연년	절명	화해	육살
艮(丑艮寅方)	오귀	복음	육살	절명	화해	생기	연년	천을
震(甲卯乙方)	천을	육살	복음	연년	생기	화해	절명	오귀
巽(辰巽巳方)	생기	절명	연년	복음	천을	오귀	육살	화해
離(丙午丁方)	연년	화해	생기	천을	복음	육살	오귀	절명
坤(未坤申方)	절명	생기	화해	오귀	육살	복음	천을	연년
兌(庚酉辛方)	화해	연년	절명	육살	오귀	천을	복음	생기
乾(戌乾亥方)	육살	천을	오귀	화해	절명	연년	생기	복음

음택대요(陰宅大要)

• 장례일(葬禮日)

초상이나 이장(移葬)을 막론하고 장사를 치르려면 중상일(重喪日)과 중·복일(重復日)을 피해야 한다. 이장택일은 까다로워 중복일을 피하는 동시 연월일시의 길국(吉局)을 맞춰야 하므로 지면상 생략한다. 아래의 **중상일표(重喪日表)**를 참고하라.

月 / 구분	寅	卯	辰	巳	午	未	申	酉	戌	亥	子	丑
중상(重喪)	甲	乙	己	丙	丁	己	庚	辛	己	壬	癸	己
복일(復日)	庚	辛	戊	壬	癸	戊	甲	乙	戊	丙	丁	戊
중일(重日)	巳亥	巳亥	巳亥	巳亥	巳亥	巳亥	巳亥	巳亥	巳亥	巳亥	巳亥	巳亥

예를 들어 寅月 초상이면 甲·庚·巳·亥日만 피해서 장사를 치르면 된다.

• 입관길시(入棺吉時)

염(斂)이 끝나면 곧 시신을 관(棺)에 안치하고 관 뚜껑을 덮은 뒤 병풍이나 장막으로 가린다. 염은 대개 1시간 정도 소요되므로 아래 기록된 입관시간보다 1시간 앞당겨 염습을 시작하면 입관길시를 맞출 수 있을 것이다.

子日甲庚時, 丑日乙辛時, 寅日乙癸時, 卯日丙壬時, 辰日丁甲時, 巳日乙庚時,
午日丁癸時, 未日乙辛時, 申日甲癸時, 酉日丁壬時, 戌日庚壬時, 亥日乙辛時

• 하관길시(下棺吉時)

이장(移葬) 때의 하관시간은 年月日時의 길국(吉局)에 의하지만 초상 때의 하관시간은 황도시(黃道時)의 巳午未時 중에 정하면 된다. 황도시 이외의 시간은 흑도시(黑道時)이다.

子午日 – 子·丑·卯·午·申·酉時　丑未日 – 寅·卯·巳·申·戌·亥時
寅申日 – 子·丑·辰·巳·未·戌時　卯酉日 – 子·寅·卯·午·未·酉時
辰戌日 – 寅·辰·巳·申·酉·亥時　巳亥日 – 丑·辰·午·未·戌·亥時

• 정상기방(停喪忌方)

초상 때 시신을 묘지로 운반하기 위해 상여나 영구차를 대기시킬 경우 시신이 안치된 곳을 기준해서 상여나 영구차를 세워두는 것을 피해야 되는 방위이다. 또 묘지에서는 광중을 기준해서 상여(영구차 포함)나 영구(靈柩)를 임시 안치하는 것을 피하라는 방위이니 참작하기 바란다.

申子辰年日 – **동남방**(巽)　巳酉丑年日 – **동북방**(艮)
寅午戌年日 – **서북방**(乾)　亥卯未年日 – **서남방**(坤)

• 제주불복방(祭主不伏方)

영좌(靈座), 즉 궤연상 방향을 피해야 되는 방위이다. 즉 상주가 영좌 앞에 서서 절하고 엎드리고 곡하는 방위를 피해야 되는바 영좌가 삼살이나 양인방의 대충방(對沖方)이 되지 않도록 한다.

삼살(三殺) : 申子辰年－남, 巳酉丑年－동, 寅午戌年－북, 亥卯未年－서
양인(羊刃) : 甲年－卯方, 乙年－辰方, 丙方－午方, 丁年－未方, 戊年－午方
己年－未方, 庚年－酉方, 辛年－戌方, 壬年－子方, 癸年－丑方

• 하관(下棺)할 순간 보지 않아야 될 사람

정충(正沖) : 장례일과 天干이 같고 지지가 沖하는 사람

(예) 甲子日－甲午生, 乙丑日－乙未生, 丙寅日－丙申生, 戊子日－戊午生

순충(旬沖) : 日辰과 같은 순중(旬中)에 들어 지지가 沖하는 사람

(예) 甲子日－庚午生, 丙子日－壬午生, 庚戌日－甲辰生

즉, 日辰(장례일)과 天干도 沖하고 지지도 沖하는 사람이다.

태세압본명(太歲壓本命) : 행년태세를 中宮에 넣고 九宮을 順行하여 中宮에 든 사람이다. 가령 **辛丑年**이라면 辛丑, 庚戌, 己未, 戊辰, 丁丑, 丙戌, 乙未가 중궁에 들어가므로, 辰戌丑未生은 모두 피하는 게 좋다.

• 흙을 취하는 방위(取土方)

하관식이 끝나면 곧 흙으로 광중을 메꾸게 되는데 먼저 사토방(死土方)의 흙을 몇 삽 떠서 광중에 넣은 다음, 봉분하면 좋다.

年	子 丑 寅 卯 辰 巳 午 未 申 酉 戌 亥
방 위	午 亥 戌 亥 午 寅 辰 子 丑 卯 子 寅 辰

• 이장(移葬) 사초(莎草) 입석(立石)

이미 쓴 묘를 다른 곳으로 옮기거나(緬禮 · 遷墳이라고도 한다), 이미 쓴 묘에 합장하려거나, 이미 쓴 묘를 수리[莎草 · 修墓]하거나, 이미 쓴 묘에 상석(床石)을 안치하려면 묘의 봉분을 헐고 묘역을 파는 등 작업을 하게 되는데 이상의 일을 하는 데는 함부로 묘를 건드리지 못하고 반드시 운(運)을 보아 大利나 小利되는 해에 행해야지 중상운(重喪運) 닿는 해에 이상의 일을 하면 좋지 않다고 한다. 단, 천기대요에 보면 떼 입히고 봉분 고치고, 상석 · 비석 안치하는 데는 중상운이 되어도 좋은 月日時를 가려 행하면 무방하다 하였으니 (祭主本命日과 同旬沖을 피하여) 참작하기 바란다.

○ 동총운법(動塚運法)

구분 / 年	大 利(吉)	小 利(平)	重 喪(不利)
子午卯酉年	艮寅甲卯坤申庚酉坐	壬子癸丑丙午丁未坐	乙辰巽巳辛戌乾亥坐
辰戌丑未年	壬子癸丑丙午丁未坐	乙辰巽巳辛戌乾亥坐	艮寅甲卯坤申庚酉坐
寅申巳亥年	乙辰巽巳辛戌乾亥坐	艮寅甲卯坤申庚酉坐	壬子癸丑丙午丁未坐

- 좌운(坐運)

초상, 이장을 막론하고 새로 쓰는 묘의 坐에 대한 운을 볼 때 아래 표를 참고하라.

○ 만년도(萬年圖) — 2018 무술년~2027 정미년

坐＼年	戊戌年	己亥年	庚子年	辛丑年	壬寅年	癸卯年	甲辰年	乙巳年	丙午年	丁未年
子坐	삼살·연극	소리	소리	연극·구퇴·음부	삼살	대리	소리	구퇴·연극	삼살·세파	연극
癸坐	부천공망·좌살	대리	향살	방음·연극	좌살	소리	향살	부천·연극	방음·좌살	연극
丑坐	삼살·연극	대리	방음	연극	삼살	대리	소리	방음·연극	삼살	세파·연극
艮坐	대리	음부·연극	소리	소리	대리	소리	음부	소리	대리	소리
寅坐	지관·연극	천관	대리	삼살·연극	방음	천관	대리	삼살·연극	대리	천관·방음·연극·향살
甲坐	연극	향살	대리	연극·좌살	부천·방음	향살	소리	좌살·연극·방음	대리	연극·향살
卯坐	음부	지관·연극	구퇴	삼살	대리	음부	구퇴	삼살	대리	소리
乙坐	방음	향살	소리	좌살·방음	대리	부천·향살·방음	소리	좌살	대리	향살
辰坐	연극	소리	지관부	연극·삼살·방음	소리	소리	소리	삼살·연극	방음	연극
巽坐	연극	음부	소리	연극	소리	소리	음부	연극	소리	연극
巳坐	천관	세파·연극	삼살·방음	지관	천관	대리	삼살	방음	천관	대리
丙坐	향살	부천공망·방음	좌살	부천공망	향살	소리	좌살·방음	대리	향살	소리
午坐	소리	구퇴	삼살·세파	소리	지관·음부	구퇴	삼살	대리	소리	구퇴·음부
丁坐	부천·향살	소리	좌살·연극·방음	대리	향살	연극	좌살·연극	방음	향살·연극	소리
未坐	방음·연극	소리	삼살	세파·연극	소리	지관	삼살	연극	소리	연극
坤坐	연극·부천	소리	대리	연극·음부	소리	음부	대리	연극	음부·파패	연극
申坐	연극	삼살	소리	천관·방음·연극	세파	삼살	지관	연극·천관	방음	삼살·연극
庚坐	방음·연극	좌살	대리	연극·향살	소리	방음·좌살	대리	향살·연극	소리	부천·좌살·연극
酉坐	구퇴	삼살	연극·음부	소리	구퇴	삼살·연극	연극	지관·음부	연극·구퇴	삼살
辛坐	연극	좌살·방음	대리	향살·연극	소리	좌살	방음	향살·연극	부천	좌살·연극
戌坐	연극	삼살	대리	연극	방음	삼살	세파	연극	지관	삼살·연극
乾坐	소리	부천공망	연극·음부	소리	음부	연극	연극	음부	연극	음부
亥坐	삼살·방음	대리	연극·천관	대리	삼살	연극·방음	연극·천관	세파	삼살·연극	지관
壬坐	좌살	대리	향살·방음	소리	좌살·방음	대리	부천공망·향살	방음	좌살	대리

초상이나 이장, 장사를 치를 때는 삼살(三殺) 좌살(坐殺) 세파좌(歲破坐)를 놓지 못한다. 또 연극(年克)과 방음부(傍陰符)를 꺼리는바 아래 제살법(制殺法)에 의해 제살되면 무방하다. 삼살도 제살법이 있으나 가능하면 범하지 않는 게 좋다. 삼살 좌살 연극 세파좌는 양택(陽宅)에도 범하지 말아야 한다. 방음부는 음택(陰宅)에만 꺼리고 구퇴(灸退) 천관부(天官符) 지관부(地官符) 음부(陰符 : 즉 正陰符)는 양택에만 꺼린다.

○ 제살법(制殺法)

삼살(三殺) : 망인(亡人)이나 상주(喪主)의 생년납음(生年納音)이나 혹은 장사지내는 당년 태세의 납음오행으로 제살(制殺)할 수 있다. **辛丑年**은 正五行으로 三殺이 寅卯辰 東方에 속한다. 이 경우 망인이나 제주 또는 장사지내는 月日時 가운데 三殺 木音을 극하는 申酉戌庚辛 등 金에 해당하면 金이 삼살인 木音을 극하므로 제살된다고 천기대요에 실려 있다. 그러나 삼살은 대살이니 피하는 것이 가장 좋다.

좌살 향살(坐殺 向殺) : 복병, 대화라고도 하는데 삼살의 천간을 통칭 좌살이라 하고, 좌살의 향을 향살이라 한다.(양간은 복병, 음간은 대화라 함)

연극(年克) : 태세 **신축(辛丑)** 토음(土音)이 묘룡산운(墓龍山運) 임진(壬辰)수음(水音)운을 극(剋)하므로 연극이 되었다. 土가 살인데 망인이나 제주 또는 장사지내는 年月日時 가운데 木이 있으면 木克土하여 제살된다고 천기대요에 실려 있다. 그러나 화음월일시(火音月日時)를 사용하여 통관(通關)으로 화해(化解)시키는 것이 더욱 좋다.

방음부(傍陰符) : **신축년(辛丑年)**에는 辛丑土의 화기(化氣)가 임진수(壬辰水) 화기(化氣)를 극하므로 방음부가 되었다. 土가 살(煞)이므로 봄과 여름에는 土가 왕성하여 불리하나, 土가 휴수(休囚)되고 토기(土氣)를 설기(洩氣)시켜 금(金)을 생(生)하는 연월일을 사용하면 무방(無妨)하다.(이론은 이러하나 묘룡변운에서는 水土가 동궁 같은 오행이므로 그냥 두어도 무방한 것이다)

• 묘룡변운(墓龍變運)

年＼坐(五行)	兌丁乾亥 (金山)	卯艮巳 (木山)	離壬丙乙 (火山)	甲寅辰巽戌坎辛申 (水山)	癸丑坤庚未 (土山)
甲己年	乙丑金運	辛未土運	甲戌火運	戊辰木運	戊辰木運
乙庚年	丁丑水運	癸未木運	丙戌土運	庚辰金運	庚辰金運
丙辛年	己丑火運	乙未金運	戊戌木運	壬辰水運	壬辰水運
丁壬年	辛丑土運	丁未水運	庚戌金運	甲辰火運	甲辰火運
戊癸年	癸丑木運	己未火運	壬戌水運	丙辰土運	丙辰土運

• 이장 택일(移葬擇日)

이장 택일은 초상 때와 달리 복잡하고 어렵다. 그래서 여기에서는 모든 내용을 수록하는 것은 불가능하므로 간편한 점만 기술한다.

○ 개총법(開塚法)

甲乙日－辛戌乾亥坐를 헐지 않는다. (또 申酉時도 피한다)
丙丁日－坤申庚酉坐를 헐지 않는다. (또 丑午申戌時를 피한다)
戊己日－辰戌酉坐를 헐지 않는다. (또는 辰戌酉時를 피한다)
庚辛日－艮寅甲卯坐를 헐지 않는다. (또는 丑辰巳時를 피한다)
壬癸日－乙辰巽巳坐를 헐지 않는다. (또는 丑未時를 피한다)

○ 입지공망(入地空亡)

庚午日－甲己亡命, 庚辰日－乙庚亡命, 庚寅日－丙辛亡命, 庚戌日－丁壬亡命
庚申日－戊癸亡命 이상의 日과 亡命을 피하여 장사 지낸다.

○ 제신상천(諸神上天)

한식(寒食) 청명(清明)일과 대한(大寒) 뒤 5일 입춘(立春) 전 3일
한식과 청명일은 모든 신(神)들이 조회하러 上天하므로 무방하고, 대한 후 5일부터 입춘 전 3일간은 신구신(新舊神)이 임무교대를 하는 기간이므로 달리 날을 받지 않고 이장을 해도 무방하다 한다.

○ 주마육임(走馬六壬)

이 주마육임은 법은 간단해도 효과는 크다 한다. 즉 양산(陽山)에 양연월일시를, 음산(陰山)에 음연월일시를 사용하는 법이다.

양산(陽山) : 壬子 艮寅 乙辰 丙午 坤申 辛戌 年月日時 다 맞추면 吉
음산(陰山) : 癸丑 甲卯 巽巳 丁未 庚酉 乾亥 年月日時 다 맞추면 吉

○ 통천규(通天竅)

본래 이장(移葬) 택일은 천기대요에 수록된 10여 종류의 길국(吉局) 가운데서 3, 4국을 겸하도록 하는 게 원칙이지만 그렇게 하기는 전문가도 쉽지 않다. 그래서 3, 4개의 길국을 맞추려 하지 말고 공망일 중에서 중상・중복일을 피하여 주마육임, 통천규, 자백성 중 하나와 합국(合局)해 사용하면 좋은 택일이 되겠다.

사주	대길(大吉)	진전(進田)	청룡(青龍)	영재(迎財)	진보(進寶)	고주(庫珠)
申子辰 연월일시	艮寅	甲卯	乙辰	坤申	庚酉	辛戌
巳酉丑 연월일시	乾亥	壬子	癸丑	巽巳	丙午	丁未
寅午戌 연월일시	坤申	庚酉	辛戌	艮寅	甲卯	乙辰
亥卯未 연월일시	巽巳	丙午	丁未	乾亥	壬子	癸丑

ㅇ 자백구성(紫白九星)

좌(坐)에 연월일시가 모두 자백(紫와 白)에 해당하면 대길하다.

※ 연(年)자백九星은 본 책자 맨 끝(표 3)에 있고, 월(月)자백九星은 본 책자 내용 오른쪽 상단에 있으며, 일(日)자백九星은 본 책자 본문 날짜 오른쪽에 매일매일 수록되어 있으므로 여기에서는 시(時)자백九星만 수록한다.

冬至後－陽遁 夏至後－陰遁 甲己日－甲子時 乙庚日－丙子時 丙辛日－戊子時 丁壬日－庚子時 戊癸日－壬子時 時間 ＼ 陰陽遁	甲子 甲午 乙丑 乙未 丙寅 丙申 丁卯 丁酉 戊辰 戊戌 己卯 己酉 庚辰 庚戌 辛巳 辛亥 壬午 壬子 癸未 癸丑		己巳 己亥 庚午 庚子 辛未 辛丑 壬申 壬寅 癸酉 癸卯 甲申 甲寅 乙酉 乙卯 丙戌 丙辰 丁亥 丁巳 戊子 戊午		甲戌 甲辰 乙亥 乙巳 丙子 丙午 丁丑 丁未 戊寅 戊申 己丑 己未 庚寅 庚申 辛卯 辛酉 壬辰 壬戌 癸巳 癸亥	
	陽遁	陰遁	陽遁	陰遁	陽遁	陰遁
甲子 癸酉 壬午 辛卯 庚子 己酉 戊午	一白	九紫	七赤	三碧	四綠	六白
乙丑 甲戌 癸未 壬辰 辛丑 庚戌 己未	二黑	八白	八白	二黑	五黃	五黃
丙寅 乙亥 甲申 癸巳 壬寅 辛亥 庚申	三碧	七赤	九紫	一白	六白	四綠
丁卯 丙子 乙酉 甲午 癸卯 壬子 辛酉	四綠	六白	一白	九紫	七赤	三碧
戊辰 丁丑 丙戌 乙未 甲辰 癸丑 壬戌	五黃	五黃	二黑	八白	八白	二黑
己巳 戊寅 丁亥 丙申 乙巳 甲寅 癸亥	六白	四綠	三碧	七赤	九紫	一白
庚午 己卯 戊子 丁酉 丙午 乙卯	七赤	三碧	四綠	六白	一白	九紫
辛未 庚辰 己丑 戊戌 丁未 丙辰	八白	二黑	五黃	五黃	二黑	八白
壬申 辛巳 庚寅 己亥 戊申 丁巳	九紫	一白	六白	四綠	三碧	七赤

의례서식(儀禮書式)

◎ 부조금 봉투에 쓰는 글씨

- 혼인식에 쓰는 축하의 글씨

華燭儀 祝華婚 祝盛婚 蕪儀 巹儀 醮儀 賀儀
화촉의 축화혼 축성혼 무의 근의 초의 하의

- 회갑(回甲) 진갑(進甲) 칠순(七旬) 팔순(八旬) 회혼례(回婚禮) 등에 쓰는 글씨

壽儀 祝儀 崇儀 晬儀 祝壽宴
수의 축의 숭의 쉬의 축수연

- 초상에 부의금(賻儀金)을 내기 위해 쓰는 글씨

賻儀 弔儀
부의 조의

- 소대상(小大祥)에 약간의 부조금을 낼 때 쓰는 글씨(단 상대방에서 소대상 의식을 치르지 않을 경우는 낼 필요가 없다)

奠儀 香燭代 혹은 微儀
전의 향촉대 미의

- 음력 설에는 歲儀 추석에는 節儀
세의 절의

- 귀한 손님을 송별할 때 여비조로 줄 경우

贐儀 餞儀
신의 전의

- 보통 때 여비나 용돈조로 돈을 줄 경우

芹儀 菲儀 蕪儀 薄儀 菲品
근의 비의 무의 박의 비품

◎ 축하, 격려, 위로의 간단한 문구(文句)

- 신년(新年)에 謹賀新年 (근하신년) 恭賀新年 (공하신년) 恭賀新禧 (공하신희)
- 봄 順頌春祺 (순송춘기) • 여름 敬頌暑安 (경송서안) • 가을 肅頌秋祺 (숙송추기) • 겨울 仰頌冬安 (앙송동안)
- 수연(壽宴)에 恭賀壽祺 (공하수기)
- 객지에 있는 이에게 拜頌旅安 (배송려안)
- 상대방의 질병에 拜頌調安 (배송조안)
- 공부하는 사람에게 順頌課安 (순송과안)
- 모든 축하에 恭賀慶福 (공하경복)

상제례서식(喪祭禮書式)

• 명정(銘旌) 쓰는 법

(벼슬이 있을 때)

郡守夫人密陽朴氏之柩 군수부인밀양박씨지구

郡守豊川任公之柩 군수풍천임공지구

(벼슬이 없을 때)

孺人金海金氏之柩 유인김해김씨지구

學生全州李公之柩 학생전주이공지구

• 지방(紙榜) 쓰는 법

(부모 지방)

顯考學生府君神位 현고학생부군신위

顯妣孺人金海金氏神位 현비유인김해김씨신위

(조부모 지방)

顯祖考學生府君神位 현조고학생부군신위

顯祖妣孺人海平尹氏神位 현조비유인해평윤씨신위

(남편 지방)

顯辟學生府君神位 현벽학생부군신위

(아내 지방)

故室孺人慶州崔氏神位 고실유인경주최씨신위

※ 벼슬이 없으면 '學生(학생)'이라 쓰고, 읍·면장급 이상의 벼슬이 있으면 '學生' 대신 벼슬 이름을 쓴다. 즉 읍장(邑長)·면장(面長)·시장(市長)·군수(郡守)·지사(知事)·장관(長官)·국회의원(國會議員)·국무총리(國務總理) 등 해당되는 벼슬 이름을 쓰고, 여자는 그 남편의 벼슬 이름을 따라 '孺人(유인)' 대신 군수부인·지사부인 등으로 쓴다. 지방도 남자는 學生, 여자는 孺人을 벼슬 이름으로 쓴다.

◎ 발인축(發靷祝)

고인의 집이나 병원 영안소, 장례식장 등에서 장차 장지(葬地)로 떠나기 위해 발인제를 지낼 때 읽는 축은 다음과 같다.

靈輀旣駕 往則幽宅 載陳遣禮 永訣終天
영이기가 왕즉유택 재진견례 영결종천

위와 같은 내용의 글씨를 백지에 세로로 써서 발인제(영결식)를 지낼 때 축관(祝官)이 읽는다.

◎ 제주축(祭主祝)

산에서 시신을 하관(下棺)한 뒤 봉분작업을 끝내고, 새로 쓴 묘 앞에 제수를 진설, 제사를 지내면서 읽는 축인데 **평토제축**(平土祭祝)이라고도 한다.

- 축 쓰는 요령

維歲次○①○○②月○③○朔○○④日○○⑤孤子⑥○○⑦
敢昭告于
顯⑧考學生⑨府君 形歸窀穸
神返室堂 神主·魂魄⑩未成 影本寫奉⑪ 是憑
是依

①은 초상이 나서 장례 치르는 당년의 간지〔太歲〕
②는 음력으로 장례 치르는 달
③은 장례 치르는 달 음력 초하루 간지
④는 음력으로 장례 치르는 날짜
⑤는 장례 치르는 날의 간지
⑥은 부친상에 孤子, 모친상에 哀子, 부모 다 사망한 경우 孤哀子로 상황에 따라 바꿔 쓴다. 세월이 흐른 뒤에는 孝子라고도 한다.
⑦은 상주(喪主)의 이름
⑧은 모친상이면 顯妣孺人이고, 부친상에는 왼쪽 보기대로
⑨는 벼슬이 있으면 學生과 孺人을 벼슬 이름으로 쓴다.
⑩은 현재 대개 신주도 없고 혼백도 없으므로 글귀를 옛 서식과 바꿔 쓴 것이다.
⑪새로 사진을 봉안하는 풍속이 일반적이므로 시대에 따라 편의상 실제대로 문구를 맞춰 쓴 것이다.

◎ 우제축(虞祭祝)

우제(虞祭)란 산에서 장례행사를 마치고 영본(影本 : 실은 神主나 魂魄)과 지방(紙榜)을 상청 위에 봉안하고 지내는 제사로서 반드시 장례 당일 오후 해지기 전에 지내야 한다.

〈설명〉 태세, 月 초하루의 干支, 날짜 日의 干支, 상주 이름, 고인의 칭호 등은 위 제주축(祭主祝)의 요령과 같다.(단, 再虞와 三虞는 날짜와 日의 干支를 바꿔 쓰면 된다)

○1에 있어 재우면 **再虞** 삼우면 **三虞**라 쓰고

○2에 있어 재우면 **虞事** 삼우면 **成事**라 고쳐 써 읽으면 된다.

維歲次○○○月○○朔○○日○○孤子○○
敢昭告于
顯考學生府君 日月不居 奄及初虞 ○1 夙興夜
○○
處 哀慕不寧 謹以清酌庶羞 哀薦祫事 ○2 尚
饗

◎ 소대상(小大祥)과 49일제

- 소대상 49제 동용

소상(小祥)은 사망후 1년 사망 당일에 지내는 제사이고, 대상(大祥)은 소상 다음해(사망 2년 뒤) 사망 당일에 지내는 제사이다.

요즈음 49일제(재)를 지내는 것으로 상(喪)을 끝내는데 절에서 지내면 49재(齋)이고, 집에서 지내면 49일제(祭)로 명칭해야 옳다.

대상축(大祥祝)은 奄及小祥을 大祥으로, 哀薦常事를 祥事로 고쳐 쓰면 된다.

49일제에 있어 서식은 小大祥祝과 거의 같고 단 奄及小祥을 **奄及四十九日**로, 哀薦常事를 **哀薦四十九日祭**로 융통해서 쓰면 될 것이다.

※ 제사 절차는 忌日祭와 거의 같다. 단, 기일제는 주인이 가득 부은 술잔을 일단 位前에 올렸다가 다시 내려 祭主한 뒤 位前에 올리지만 우제와 소대상은 집사가 따라준 잔을 그 참 祭主해서 올리는 것만 다르다.

維歲次干支○月干支朔○日干支
孤子○○ 敢昭告于
顯考學生府君 日月不居 奄及小祥 ○ 夙興夜
處 哀慕不寧 謹以清酌庶羞 ○ 哀薦常事尚
饗

◎ 기일축(忌日祝)과 제사 절차

• 기일축

태세(太歲), 月, 초하루 日辰, 제사 날짜, 제사 날짜의 干支, 고인과의 관계, 제주의 이름 등은 제사 지내는 年月日과 관계, 이름에 따라 쓰면 된다. 그리고 부모제사에는 **昊天罔極**(호천망극)이라 쓰지만 부모가 아닌 조부모 이상은 **不勝永慕**(불승영모)로 고쳐 쓴다.

제수(祭需)에 있어 떡이 없으면 왼편 **庶羞**를 고쳐 **脯醢**(포해)라 쓴다.

維歲次○○○月○○朔○○日○○孤子○○
敢昭告于
顯考學生府君
顯妣孺人金寧金氏 歲序遷易
○ ○○○○ ○
顯考諱日復臨 追遠感時 昊天罔極 謹以清
○○○
酌庶羞 恭伸奠獻 尚 饗

• 제사(祭祀) 절차

1. 강신(降神)

○ **분향재배**(焚香再拜)－주인(主人 : 祭主)이 향에 불을 붙여 향그릇에 꽂고 나서 재배한다.

○ **뇌주재배**(酹酒再拜)－주인이 별도로 준비된 잔반(술잔과 술잔 받침)을 잡고 꿇어앉으면 집사가 술병을 잡고 술잔에 반이 못되도록 따른 다음 주인은 그 술을 모사(茅沙 : 모토라고도 함)에다 세 번 기울여 붓고 빈 술잔을 내밀면 집사가 받아 향탁 옆 적당한 곳에 놓아 둔다. 주인은 재배한다.

2. 참신(參神)

주인 이하 참석자 일동은 모두 재배한다.

3. 진찬(進饌)

주인은 육(肉)을 올리고, 주부는 면(麵)을 올린다.

주인은 어(魚 : 말리지 않은 생선. 조기, 숭어, 오징어 등)를 올리고 주부는 떡을 올린다.

다음에 주인은 갱(羹 : 국)을 올리고, 주부는 반(飯 : 메)을 올린다.

※ 대개 현재는 제사상에 미리 모든 제수를 다 진설해 놓은 뒤 분향이 시작되므로 진찬(進饌)의 절차가 생략되고 있는 것 같다.

4. 초헌(初獻)

○ **헌작**(獻酌)－주인이 고위(考位)의 잔반을 내려 동향하고 서면 집사는 술병을 들고 서향

하고 서서 주인이 받들고 있는 잔에다 술을 가득히 따른다.

그리하면 주인은 그 잔반을 고위전에 올린다. 다음은 비위전의 잔반을 내려 고위의 잔반과 같이 한다.

○ **제주**(祭主) – 주인이 향안(香案) 앞에 바로 서고, 양쪽 집사는 고비위전에 올린 술잔을 내려 각각 주인 좌우에서 받들고 있으면 주인이 꿇어앉고 집사도 꿇어앉는다.

주인은 고위전의 술잔부터 받아 모사에다 조금씩 세 차례 따르되 술은 3분의 2 정도 남도록 하여 집사에게 주면 집사가 받아 원위치에 올린다.

다음은 비위전의 술잔을 받아 같은 요령으로 한다.

○ **계개**(啓蓋) – 집사가 메 뚜껑을 열어 상 모서리 빈자리에 젖혀놓는다.

○ **진적**(進炙) – 준비된 적이 있으면 집사가 적을 올린다.

○ **독축**(讀祝) – 주인 이하 모두 꿇어앉고 축관은 주인 왼편에 꿇어앉아 축을 읽는다.

○ **주인 재배** – 축이 끝나면 주인은 재배한다.(축관은 절을 해도 좋고 안 해도 무방하다)

○ **퇴주**(退酒) – 두 집사는 양 위전의 술잔을 내려 빈 그릇에 다 붓고 제자리에 놓는다.

○ **철적**(徹炙) – 올렸던 적을 내린다.

5. 아헌(亞獻)

아헌은 주부가 하는 것이 좋지만 주인의 동생이 행하여도 된다.

헌작 · 제주 · 진적 · 아헌관 재배 · 퇴주 · 철적 등의 요령은 모두 초헌관이 하는 것과 똑같고, 계개와 독축 절차만 생략된다.

6. 종헌(終獻)

종헌(삼헌이라고도 함)은 주인의 동생이나 아들, 기타 형편에 따라 한다.

헌작 · 제주 · 진적 · 삼헌관 재배 등 아헌의 요령과 같고 다만 퇴주와 철적을 안한다.

7. 유식(侑食)

○ **첨작**(添酌) – 주인이 술병을 들고 삼헌 때 제주(祭主)로 인해 채워져 있지 않은 술잔에다 가득 채운다.

○ **입시**(立匙) – 주부는 메 그릇 중앙에다 동향으로 수저를 꽂는다.

○ **정저**(正箸) – 이어서 젓가락만 쥐고 상에다 톡톡톡 세 번 정저(간추림)한다.

○ **재배**(再拜) – 주인 주부(첨작, 입시, 정저한 사람)는 나란히 서서 재배한다.

8. 합문(闔門)

주인 이하 모두 밖으로 나가고 맨 나중에 축관이 나와 문을 닫는다.

9. 계문(啓門)

5분 정도 지난 뒤 축관이 3번 정도 기침하고 먼저 문을 열고 들어서면 일동은 따라 들어선다.

10. 사신(辭神)

○ **철갱**(徹羹) – 국그릇을 내린다.
○ **진다**(進茶) – 국그릇 자리에 숭늉을 올린다.
○ **점다**(點茶) – 수저로 메를 조금씩 떠서 숭늉에 만다.
○ **고이성**(告利成) – 축관이 동쪽 뜰에서 서향하고 서서 '이성'이라 크게 소리친다.
○ **철시**(徹匙) – 수저를 거두어 시첩에 놓는다.
○ **합개**(闔盖) – 메 뚜껑을 덮는다.
○ **일동 재배** – 참석자 일동은 재배한다.

11. 음복(飮福)

주인은 고위나 비위전의 술잔을 내려 마시는 것으로 제사 절차는 끝난다.

▮ 제수(祭需) 진설 예 ▮

제1열은 반잔(盤盞)으로 메와 국, 술잔을 놓고, **제2열**은 어육(魚肉)과 떡, **제3열**은 탕(湯), **제4열**은 포(脯)와 소채(蔬菜)를 놓는데, 삼색 나물로 고사리, 도라지, 시금치 등이고, 김치와 간장도 함께 진설한다. **제5열**은 과실을 진설한다.

〔**좌포우혜**(左脯右醯)〕 포는 왼편에, 식혜는 오른편에 놓는다. 〔**어동육서**(魚東肉西)〕 어물은 동쪽에 놓고 육류는 서쪽에 놓는다. 〔**두동미서**(豆東尾西)〕 생선의 머리는 동쪽을 향하게 하고, 꼬리는 서쪽을 향하게 놓는다. 〔**홍동백서**(紅東白西)〕 붉은색 과일은 동쪽에 놓고, 흰색 과일은 서쪽에 놓는다. 〔**조율이시**(棗栗梨柿)〕 대추・밤・배・감의 순서로 진설한다.

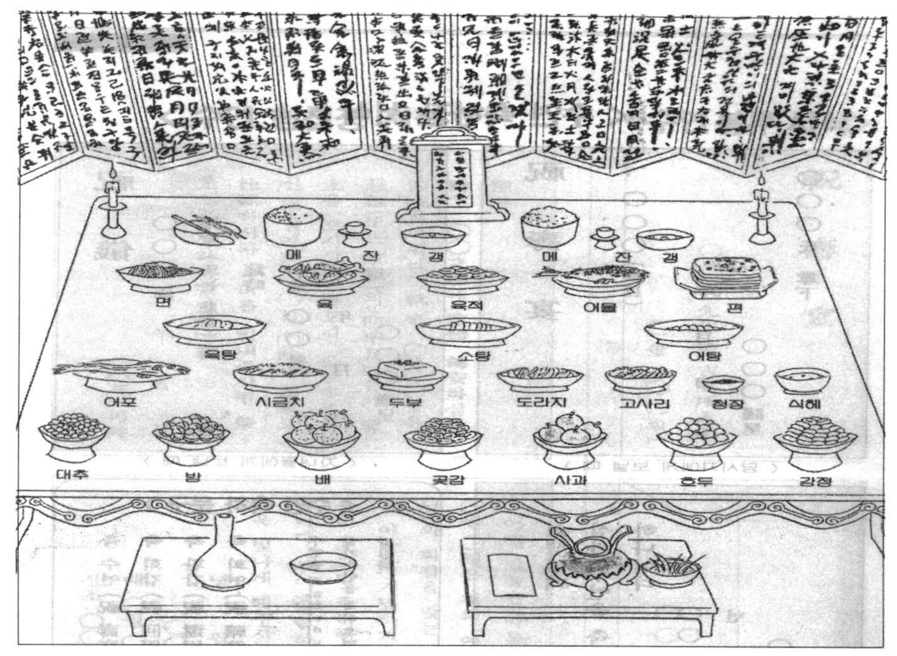

서기 2021년
단기 4354년

신축년(辛丑年) 연령대조표(당년 나이임)

연령	간지	서기	단기	연령	간지	서기	단기	연령	간지	서기	단기
1세	신축	2021년	4354년	34세	무진	1988년	4321년	67세	을미	1955년	4288년
2세	경자	2020년	4353년	35세	정묘	1987년	4320년	68세	갑오	1954년	4287년
3세	기해	2019년	4352년	36세	병인	1986년	4319년	69세	계사	1953년	4286년
4세	무술	2018년	4351년	37세	을축	1985년	4318년	70세	임진	1952년	4285년
5세	정유	2017년	4350년	38세	갑자	1984년	4317년	71세	신묘	1951년	4284년
6세	병신	2016년	4349년	39세	계해	1983년	4316년	72세	경인	1950년	4283년
7세	을미	2015년	4348년	40세	임술	1982년	4315년	73세	기축	1949년	4282년
8세	갑오	2014년	4347년	41세	신유	1981년	4314년	74세	무자	1948년	4281년
9세	계사	2013년	4346년	42세	경신	1980년	4313년	75세	정해	1947년	4280년
10세	임진	2012년	4345년	43세	기미	1979년	4312년	76세	병술	1946년	4279년
11세	신묘	2011년	4344년	44세	무오	1978년	4311년	77세	을유	1945년	4278년
12세	경인	2010년	4343년	45세	정사	1977년	4310년	78세	갑신	1944년	4277년
13세	기축	2009년	4342년	46세	병진	1976년	4309년	79세	계미	1943년	4276년
14세	무자	2008년	4341년	47세	을묘	1975년	4308년	80세	임오	1942년	4275년
15세	정해	2007년	4340년	48세	갑인	1974년	4307년	81세	신사	1941년	4274년
16세	병술	2006년	4339년	49세	계축	1973년	4306년	82세	경진	1940년	4273년
17세	을유	2005년	4338년	50세	임자	1972년	4305년	83세	기묘	1939년	4272년
18세	갑신	2004년	4337년	51세	신해	1971년	4304년	84세	무인	1938년	4271년
19세	계미	2003년	4336년	52세	경술	1970년	4303년	85세	정축	1937년	4270년
20세	임오	2002년	4335년	53세	기유	1969년	4302년	86세	병자	1936년	4269년
21세	신사	2001년	4334년	54세	무신	1968년	4301년	87세	을해	1935년	4268년
22세	경진	2000년	4333년	55세	정미	1967년	4300년	88세	갑술	1934년	4267년
23세	기묘	1999년	4332년	56세	병오	1966년	4299년	89세	계유	1933년	4266년
24세	무인	1998년	4331년	57세	을사	1965년	4298년	90세	임신	1932년	4265년
25세	정축	1997년	4330년	58세	갑진	1964년	4297년	91세	신미	1931년	4264년
26세	병자	1996년	4329년	59세	계묘	1963년	4296년	92세	경오	1930년	4263년
27세	을해	1995년	4328년	60세	임인	1962년	4295년	93세	기사	1929년	4262년
28세	갑술	1994년	4327년	61세	신축	1961년	4294년	94세	무진	1928년	4261년
29세	계유	1993년	4326년	62세	경자	1960년	4293년	95세	정묘	1927년	4260년
30세	임신	1992년	4325년	63세	기해	1959년	4292년	96세	병인	1926년	4259년
31세	신미	1991년	4324년	64세	무술	1958년	4291년	97세	을축	1925년	4258년
32세	경오	1990년	4323년	65세	정유	1957년	4290년	98세	갑자	1924년	4257년
33세	기사	1989년	4322년	66세	병신	1956년	4289년	99세	계해	1923년	4256년